农业生态实用技术丛书

池塘渔-菜

生态种养技术

CHITANG YU-CAI SHENGTAI ZHONGYANG JISHU

万 全 编

中国农业出版社

北 京

图书在版编目（CIP）数据

池塘渔-菜生态种养技术/ 万全编.—北京：中国农业出版社，2020.5

（农业生态实用技术丛书）

ISBN 978-7-109-26792-3

Ⅰ.①池… Ⅱ.①万… Ⅲ.①池塘养鱼 Ⅳ.①S964.3

中国版本图书馆CIP数据核字（2020）第068343号

中国农业出版社出版

地址：北京市朝阳区麦子店街18号楼

邮编：100125

责任编辑：张德君 李 晶 司雪飞 文字编辑：谢志新

版式设计：王 晨 责任校对：范 琳 责任印制：王 宏

印刷：北京通州皇家印刷厂

版次：2020年5月第1版

印次：2020年5月北京第1次印刷

发行：新华书店北京发行所

开本：880mm × 1230mm 1/32

印张：4.25

字数：85千字

定价：34.00元

农业生态实用技术丛书
编委会

序

中共十八大站在历史和全局的战略高度，把生态文明建设纳入中国特色社会主义事业“五位一体”总体布局，提出了创新、协调、绿色、开放、共享的发展理念。习近平总书记指出：“走向生态文明新时代，建设美丽中国，是实现中华民族伟大复兴的中国梦的重要内容。”中共中央、国务院印发的《关于加快推进生态文明建设的意见》和《生态文明体制改革总体方案》，明确提出了要协同推进农业现代化和绿色化。建设生态文明，走绿色发展之路，已经成为现代农业发展的必由之路。

推进农业生态文明建设，是贯彻落实习近平总书记生态文明思想的必然要求。农作物就是绿色生命，农业本身具有“绿色”属性，农业生产过程就是依靠绿色植物的光合固碳功能，把太阳能转化为生物能的绿色过程，现代化的农业必然是生态和谐、资源可持续、环境友好的农业。发展生态农业可以实现粮食安全、资源高效、环境保护协同的可持续发展目标，有效减少温室气体排放，增加碳汇，为美丽中国提供“生态屏障”，为子孙后代留下“绿水青山”。同时，农业生态文明建设也可推进多功能农业的发展，为城市居民提供观光、休闲、体验场所，促进全社会共享农业绿色发展成果。

农业生态文明思想起源于古老的中国，中国自春秋时期就懂得用地养地的道理以及物理杀虫、人工除草等做法。农牧结合、稻田养鱼、桑基鱼塘等农业生态模式在历史上曾经极大推动了文明和经济的发展。当前，我国农业生态文明建设已进入提供更多优质生态产品以满足人民日益增长的优美生态环境需求的攻坚期，也到了有条件、有能力发展环境友好农业的窗口期。多年来，从事农业生态研究的学者和实践者扎根农业生产一线，按“整体、协调、循环、再生”的原则，围绕农业生态文明建设开展了广泛、系统的实践和研究，探索总结出了丰富多样的应用技术。

为推广农业生态技术，推动形成可持续的农业绿色发展模式，从2016年开始，农业农村部农业生态与资源保护总站联合中国农业出版社，组织数十位业内权威专家，从资源节约、污染防治、废弃物循环利用、生态种养、生态景观构建等方面，多角度、多要素、多层次对农业生态实用技术开展梳理、总结和归纳，系统构建了农业生态知识体系，编写形成了《农业生态实用技术丛书》。丛书中的技术实用、文字简洁、步骤详尽、脉络清晰，技术可推广、模式可复制、经验可借鉴，具有很强的指导性和适用性，将为广大农民朋友、农业技术推广人员、管理人员、科研人员开展农业生态文明建设和研究提供很好的参考。

张福锁

2020年4月

前言

我国是开展池塘养鱼最早的国家，早在春秋战国时期，范蠡就撰写了《养鱼经》，这是世界上第一本有关池塘养鱼的专著，已被译成英、法等文字。历史上我国广东、江浙地区的桑基鱼塘久负盛名，池塘养鱼技术水平在国际上有很大影响，联合国粮食及农业组织（FAO）在我国无锡设立淡水渔业培训中心。

我国水产品产量自1989年以来一直位居世界第一位，其中养殖产量占70%以上，精养池塘有产量高、可均衡上市等优点，在我国城市“鱼篮子”的常年均衡供应中占重要地位。精养高产池塘也存在着产量高、密度高、排泄物多，容易造成水质恶化，氨氮、亚硝酸盐含量偏高的情况，但随着绿色发展理念的不断提升，环保的要求逐步严格，养殖尾水的处理和达标排放已经得到应有的重视，渔产品的质量安全更是百姓的首要关注点。在新形势下对如何推动池塘绿色、生态养殖技术发展，已经成为科研、技术部门、养殖户共同的课题，近年来，不少省份对渔-菜种养技术模式进行了不懈地探索，拥有很多成功的案例，在保持较好的单产水平下，氨氮、亚硝酸盐含量大幅度降低，甚至降低一半以上，基本实现了无公害、健康养殖，显示出良好的经济、生态、社会效益和发展前景。

在编写时结合自己的实践认知，也参考引用了相关渔-菜种养的技术资料，以及相关专家的课件图片等，在此一并致谢。书中难免有不妥之处，敬请读者谅解并批评指正。

编　者

2019月9日

目录

一、概　述

（一）渔-菜生态种养发展概况

鱼类等水产品具有高蛋白、低脂肪、味道鲜美等特点，深受大众喜爱，已经成为市民“菜篮子”的重要组成部分。我国是渔业大国，水产品产量自1989年以来一直位居世界第一位，其中养殖产量占70%以上。我国是开展池塘养鱼最早的国家，早在春秋战国时期，范蠡就撰写了《养鱼经》，这是世界上第一本有关池塘养鱼的专著，已被译成英、法等文字。我国广东、江浙地区的桑基鱼塘久负盛名，池塘养鱼技术水平在国际上有很大影响，联合国粮食及农业组织在我国无锡设立淡水渔业培训中心。

近年来，国家对环境保护越来越重视，湖泊拆除围网、网箱，水库限养，农业农村部对养殖尾水处理也提出更高的要求。精养池塘有产量高、均衡上市等优点，在我国城市“鱼篮子”的常年均衡供应中占重要地位。在新形势下推动池塘绿色、生态养殖技术发展，保证城市居民“鱼篮子”的常年均衡供应成为重要的发展方向。

随着对渔-菜生态种养技术的研究，学者认为渔-菜生态种养循环是一种新的理念，有人认为中国古代南方的稻田养鱼就是这项技术的起源，现代出现的渔-菜共生是对大自然的模仿，建立水产动物、蔬菜、微生物的循环链，水产动物的排泄物为植物提供营养，植物净化水体环境，为水产动物生长提供有利条件，植物是微生物的食物，微生物为水产动物提供食物，从而形成一个微型生态圈。渔-菜共生是一种新型的复合耕作体系，它把水产养殖与蔬菜生产这两种原本完全不同的农业技术，通过巧妙的生态设计，达到科学地协同共生，从而实现养殖水产动物无须换水，种菜不施肥或者少施肥的条件下，动植物均能正常生长的生态循环效应。动物、植物、微生物三者之间达到一种和谐的生态平衡关系，是实现可持续循环型零排放的低碳生产模式的关键，更是解决农业生态危机的最有效方法。

国外的学者把渔-菜共生的概念扩展，与园艺结合，拓展到办公室水族箱、温室、大型农场，研究出了名为“盒子里的农场”的独特渔-菜共生系统，并在网上销售。这项技术对园艺爱好者等人群充满了吸引力。

国内在池塘渔-菜综合种养利用方面进行试验，经过多年的探索，精养塘渔-菜综合利用系统已经逐步完善，充分利用水产动物与蔬菜的共生互补关系，将渔业和种植业融合，实现池塘渔-菜生态系统内的物质循环，不同生物间互惠互利，如今应用较多的有草鱼-空心菜模式、乌鳢-水芹菜模式、虾-菜模式、鲤-空心菜模式、罗非鱼-空心菜模式、中华鳖-空心菜/水芹菜模式等。据资料显示，近几年，重庆市大力推广池塘渔-菜共生技术，推广面积达到5万亩*。同时，随着池塘循环流水发展渔业技术的试验、探索、推广，得到了进一步拓展，渔-菜封闭式循环系统的开发应用也取得了积极进展，向设施化、园艺化、园区化、综合化、可控化方向发展。

（二）渔-菜生态种养的基本原理和意义

1.基本原理

渔-菜生态种养循环技术原理是将水产养殖与水耕栽培两种不同的农业技术，通过循环水工艺设计，达到“以水养鱼，以鱼养菜，以菜净水，协同共生”的效果。通过池塘渔-菜共生养殖技术，可以净化水体，为植物提供充分的养料，为动物提供丰富的食物达成生态养殖的目的，从而实现养鱼不换水或少换水而无水质忧患，种菜不施肥菜仍能正常生长的生态效应；还可以减少成本，提高渔产品及蔬菜的营养价值，提升整体经济收益，有效解决高密度养殖引起的池塘水质富营养化严重、病害多发、养殖成本高等问题。

* 亩为非法定计量单位，15亩=1公顷。

2.发展方向

园艺学科和水产学科的融合，加快了农业向生态型渔-菜共生、生态循环利用系统发展。池塘上层进行无土栽培，种蔬菜、中药、花卉等植物，水产动物的排泄物为植物提供营养，植物的根又会净化水质，生态系统内进行着高效的物质循环。将池塘循环流水养殖水产动物技术和蔬菜种植技术结合后，又拓展了空间和形式，将循环流水池的水引进温室水生蔬菜栽培系统，在可控条件下循环利用。该系统逐步完善应用，实际操作性强，可用于规模化的农业生产，也可用于小规模的家庭农场或者城市的嗜好作物种植业，具有广泛的应用前景。在具体的实践操作中，需注意的是水产动物与水生蔬菜的密度搭配。一般1米^{3}水体可年产鱼25千克，同时满足10米^{2}蔬菜的肥水需求。甚至试验家庭式的鱼菜体系，一般只需2 ～ 3米^{3}的养殖水体配套20 ～ 30米^{2}的蔬菜栽培面积，就可基本满足3 ～ 5人家庭蔬菜及渔产的消费需要，是一种适合城市或农村庭院的生产模式，也符合未来都市农业发展的主体技术与趋势。

3.渔-菜生态种养特点与作用

应用无土栽培技术，把水生蔬菜或改良驯化的陆生蔬菜移栽到水面或浮床上，通过深入水中的强大根系吸收、吸附、截留水体中的氮、磷等营养物质，并通过收获植物体的形式将其移出水体，从而达到净化水质的目的。实践证明，生物浮床技术是一种行之有效的原位生态修复技术。具体作用特点与意义如下：

（1）净化水质。水生蔬菜可以直接或间接地吸收利用水体中的溶解性氮、磷等营养物质，达到去除污染物的作用。有研究表明，生态浮床对总氮、总磷等污染物的去除率较高，一般在60%以上。

（2）为微生物提供栖息地。发达的水生蔬菜根系拥有巨大的表面积，是水中悬浮态污染物和各种微生物的良好固着载体，对水体中有机污染物和氮、磷等营养盐具有净化效果。水生蔬菜发达的根系能促进根区微生物的转化，菌根真菌与植物共生，利用其独特的酶途径，降解不能被细菌单独转化的有机物；近年来微生态制剂在池塘大量使用，如EM菌、芽孢杆菌、枯草杆菌等，这些制剂有利于根系发挥更好的作用。

（3）产生氧气。部分水生蔬菜光合作用过程中通过根系向水体中释放大量氧气，提高水体溶解氧含量，促进污染物的分解或转化。

（4）夏季池塘遮光降温。渔-菜共生系统在池塘水面形成一层绿色屏障，在一定程度上遮挡了部分光照系统，特别是在夏季高温季节，为塘鱼提供了一个避光场所，从而使水体温度的变化幅度减小，这对于高温季节水体的降温产生了积极地影响，有利于塘鱼生长。

（5）提高综合效益。结合池塘养殖，利用渔-菜共生技术，在养殖水体表面利用浮床栽种水生蔬菜，如收获空心菜、水芹菜等去市场出售；开设“渔家乐”休闲垂钓体验活动等。

二、池塘草鱼-空心菜种养技术

依据农业农村部统计，2016年，我国淡水养殖鱼类产量中，草鱼约600万吨，位居第一位，是市场畅销的大宗产品。我国池塘养殖最常用模式仍然是传统草鱼（图1）精养鱼塘模式，一般亩产量在1 250 ~ 2 500千克，广东部分地区单产更高，单纯追求鱼产量，导致池塘水质恶化，草鱼病害发生严重，特别是出血病、赤皮病、烂鳃病等难以控制，死亡率高的池塘甚至在30% ~ 60%；同时，饲料行业的过度竞争，饲料质量问题突出，引起草鱼的肝胆综合征也较多，产出的商品鱼体质差，不耐运输，经济效益不确定因素大，往往造成亏损。江、浙、皖等地开展空心菜种养试验塘，相比一般方式病害发生少、饵料系数降低、成本下降、效益明显提升。如安徽省安庆市石塘湖渔业有限责任公司是农业农村部水产健康养殖示范场，有标准化精养池塘约3 000亩，池塘单产1 000 ~ 1 750千克，以草鱼为主，2012年，在面积为10亩的鱼塘试验草编-空心菜种植模式，对比取得良好效果，亩产达到1 672.35千克，试验塘总计销售收入185 970元，合计支出成本129 297元，利润56 673元，平均利润5 667.3元/亩，投入产出比1 ： 1.43。

图1 草 鱼

（一）技术与方法

1.池塘条件

池塘面积10 ～ 40亩，水深2.5 ～ 3米，进排水较为方便。冬季实施干塘晒冻，池底淤泥约30厘米，过多的淤泥每年用吸泥泵（图2）清出，用于加高塘埂、种草，放鱼前15天使用生石灰清塘，每亩用量150千克。

图2 小型吸泥泵

2.养殖机械配套

每10 ～ 20亩池塘配备有3千瓦的叶轮增氧机

（图3），功率为2.2千瓦的水泵台以及自动投饵机（图4），同时配备了微孔增氧系统，罗茨风机主机（图5）功率为2.2千瓦，配备12个盘式增氧头，每个盘直径1米左右，架设在距离池底25厘米处。在广东、江浙等养鱼高产地区，往往叶轮式增氧机的配备数量较多，一口面积10亩的精养鱼塘配备增氧机可达3～5台。

图3　叶轮增氧机

图4　自动投饵机

图5 微孔增氧系统主机

3.生态浮床面积

生态浮床的架设面积以不干扰投饵机和增氧机使用为基本原则，也要考虑产量高低，一般情况下，在长江中游和下游地区，鱼种培育池塘的浮床架设面积为5%～10%，成鱼养殖池塘的浮床架设面积为8%～15%。其他地区可适当根据自身区域特征进行调整。大面积架设，可能会对捕捞操作，池塘的溶氧产生影响。

4.生态浮床制作

经过实践探索，生态浮床的种类也不断增加，可根据实际情况进行选择，集中类型的生态浮床一般都能取得良好效果。

（1）毛竹框架生态浮床。浮床用毛竹做成框架，规格为（1.5～2）米×（6～10）米，在浮床中每隔25～30厘米，用绳子固定一长度为10～15厘米的硬质塑料管，用于栽种净化水质的水生植物（图6）。由于草鱼会啃食浮床上种植的空心菜等根部，往往要加保护网箱。

图6　安徽省安庆市自制毛竹浮床

（2）网片浮床。网片、塑料片浮床具有取材方便、节约成本、经济实用的特点，以竹竿、渔用网片等主要材料。浮床床体形状多为长条形，一般宽为2.5米，长度依池塘条件而定（图7）。

图7　硬质塑料片浮床

（3）PVC管生态浮床。浮床的床架采用PVC管构造而成，不需要特殊的浮力装置（借助PVC管的浮力，其自身可浮于水面）。浮床框架材料能够更长时间地重复利用，相比安插难、易腐坏断裂的竹子，该材料的生物浮床制作及安装本身更简便。从构造上讲，它用双层网片替代原来网箱与单层网片的组合，这样将植物种在上面一层网片上，根系浮在两层网片之间（图8）。

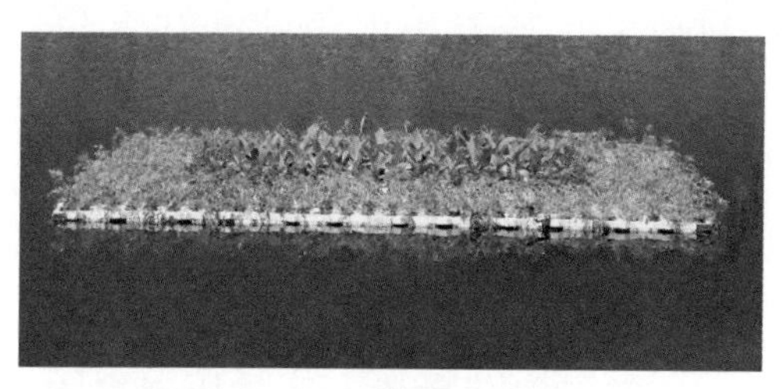

图8　PVC管生态浮床

（4）塑料商品浮床。此类浮床由厂商制作出售，可直接购买，使用方便，便于拆装、运输，但成本较高（图9）。

图9　塑料商品浮床

5.浮床植物选择与种植

一般养鱼塘多选择空心菜为浮床栽种植物，空心菜也称蕹菜，有高秆空心菜和大叶空心菜（图10）等不同品种。通常长江中下游地区在4月进行陆地育苗，南方适当提前，播种前首先对种子进行处理，即用50～60℃温水浸泡30分钟，然后用清水浸种20～24小时，捞起洗净后放在25℃左右的温度下催芽，催芽期间要保持湿润，每天用清水冲洗种子1次，待种子破皮露白点后即可播种。5月将空心菜移栽至水中的浮床上。用网将空心菜围住，防止草鱼吃光，7月，空心菜生长旺盛，可割茬喂鱼，对于提高草鱼体质、抗病有积极作用。后来，安徽石塘湖渔场尝试将空心菜沿岸边种植，在沿岸用网隔离，生长情况也较好。

图10　大叶空心菜

也可因地制宜选用其他水生蔬菜进行种植，如参考水芹菜等高价值水生蔬菜种植模式等，可在乌鳢养殖池塘种植。安徽省淮南市利用池塘种植水芹菜处理猪场污水效果良好，结果表明水芹菜处理污水的能力较强（图11）。

图11　安徽省凤台县池塘种植水芹菜

6.鱼种放养

（1）鱼种放养时间。长江中下游地区鱼种的放养时间一般在春节前后，南方地区可适当提前。

（2）鱼种放养数量与规格。历史上广东、江浙地区都是传统的高产地区，近年来，草鱼价格季节性市场波动大，考虑市场“鱼篮子”的均衡供应，放养模式也在不断调整。为避免年底集中上市，采用一次放足、多次轮捕的方式，以提高经济效益，为配合轮捕放养草鱼鱼种规格普遍提高，规格在250～850克/尾，放养数量也有所量增加，放养量普遍高达500千克/亩，有的甚至更高。养鱼先进地区多分级饲养，提高池塘利用率和产量。最近几年，华东地区餐饮业烤鱼消费量增加，规格1 000克的小草鱼市场有需求，水产品加工厂有季节性批量收购，加工开背烤草鱼，可把握时间节点，增加放养数量。各地草鱼放养习惯有差异，现将安徽石塘湖草鱼-空心菜试验塘放养模式列出，供参考。在春节前后放养鱼种，池塘面积10亩，以草鱼为主配养花鲢、白鲢、鲤、鲫，总共投放鱼种4 425千克，每亩放养442.5千克（表1）。

表1 安徽安庆石塘湖试验塘鱼种投放情况

投放日期	放养品种	放养规格	放养数量/千克
2012年1月8日	草鱼	850克/尾	3 846.5
2012年1月8日	花鲢	250克/尾	177
2012年1月8日	青鱼	250～2 000克/尾	153.5
2012年1月12日	鲫	40尾/千克	248
2012年1月12日	白鲢	18尾/千克	164
2012年1月12日	鳜	100克/尾	5
2012年1月12日	黄颡鱼	40～60尾/千克	4
2012年5月10日	鲶	300克/尾	19
2012年5月10日	乌鳢	250克/尾	5
合计			4 622

（3）放养模式。一般采用一年两季草鱼高产放养模式。鉴于草鱼市场的变化，广东、福建等南方地区试验推广一年两季草鱼模式，产量也得以大幅度提高，在南方区域可以借鉴。①佛山草鱼两季放养模式。佛山市顺德区杏坛镇东村的养殖户，依据当地市场，养两季鱼，第一季每年11月投放规格200 ～ 300克的草鱼种4 000尾/亩，养到翌年的6月中旬全部卖掉；第二季进一批苗投放到鱼塘，养到11月时再全部卖掉，以此循环。而且从来不等鱼价，完全按照模式所需要的节奏养殖，一年轮捕不低于

7次，通过多次起捕不断降低密度来实现高产和资金的高效周转。②福建试验模式。第一季于春节前后开始，以放养草鱼鱼种为主，适当混养鳊、鲤、花鲢、白鲢，放养草鱼规格350 ~ 400克/尾，放养密度600尾/亩；鳊规格200 ~ 250克/尾，放养密度500尾/亩；鲤规格100 ~ 150克/尾，放养密度100尾/亩；白鲢规格300 ~ 400克/尾，放养密度100尾/亩；花鲢规格150 ~ 200克/尾，放养密度20尾/亩，以保证端午节前能全部出塘上市。第二季于端午节后开始，全部放养150 ~ 200克/尾的草鱼鱼种，放养密度600尾/亩，养至年底一般可达到1.25千克/尾以上。

（4）放养鱼种消毒防病。要求加强检疫，不从病害严重地区购进鱼种。对放养的鱼种进行消毒，如用3% ~ 5%的食盐水浸泡消毒等。对出血病发生严重的地区建议注射“三病”（出血病、赤皮病、烂鳃病）疫苗，使用连续注射器注射，注射位置在胸鳍基部或背鳍基部（图12至图15）。

图12　广东地区注射疫苗

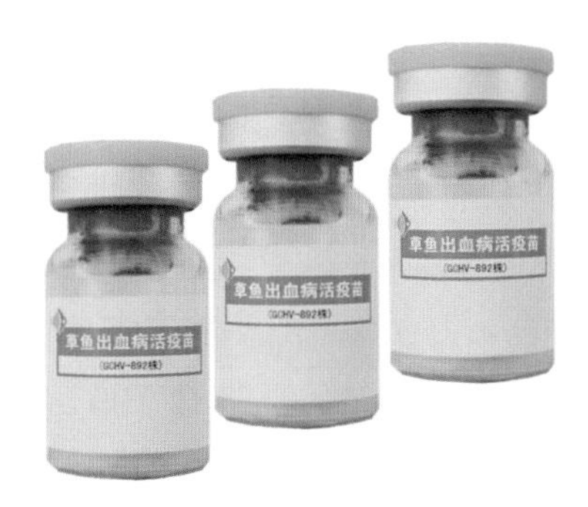

图13　草鱼出血病活疫苗

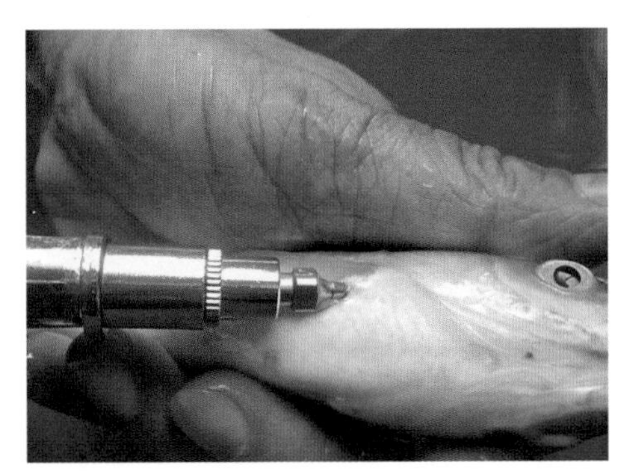

图14　胸鳍注射

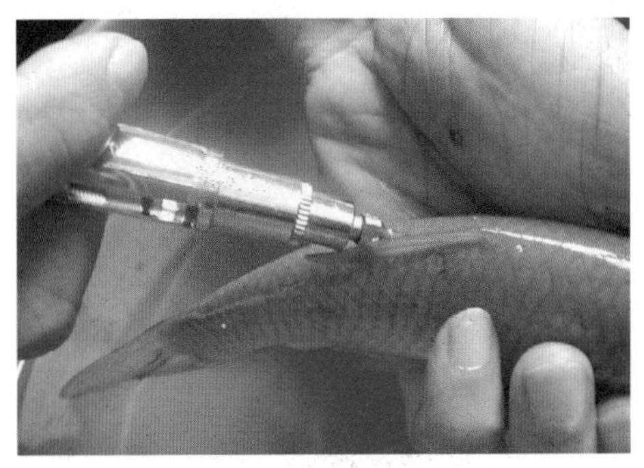

图15　背鳍注射

多年来，科研部门也尝试进行疫苗浸泡鱼种试验，效果不一。近几年，湖北等地试验使用一种新药拌料口服，用于防止草鱼、青鱼出血病，可观察使用。

7.饲料投喂管理

（1）开始投喂时间。安徽地区在3月上中旬开始投喂饲料，气温大约13℃，水温10℃左右，南方区域适当提早，北方区域依照实际情况延迟试投。面积10亩的池塘每天投喂配合饲料10千克，几天后明显感到鱼摄食，则增加投喂量。池埂种有黑麦草等的池塘可以开始投喂青饲料，日投喂量30 ~ 100千克，安徽地区3月下旬基本大面积正常吃食。

（2）饲料的选择。投喂饲料应选择优质饲料，蛋白质含量25% ~ 28%，大品牌饲料往往品质好、质量稳定、价格也高。投喂高品质饲料，鱼生长快、体质好、抗病力强。投喂劣质饲料，生长慢、抗病力差，拉网、运输易损伤，死亡率高。

（3）投喂次数与投喂量。安徽长江北岸地区4月上旬，10亩鱼塘参照投喂量，日投配合饲料20千克，青饲料100千克，中旬配合饲料增加到40千克，青饲料100千克，下旬配合饲料为50 ~ 80千克，青饲料30千克；摄食正常后每天分别在8:00、12:00、16:00自动投饵一次，依据天气变化进行调整。气温升高正常投喂后投饵率保持在3% ~ 5%，坚持投饵“四定”(即定时、定点、定质、定量)。

安徽地区10亩鱼池投饵参照：①5月上旬日投配合饲料40 ~ 80千克，青饲料减少，中旬配合饲料增加到100 ~ 120千克，下旬配合饲料为160千克；②6月开始投喂膨化饲料，蛋白质含量32%，6月上旬日投膨化饲料40千克，颗粒料80千克，中下旬日投膨化饲料75千克，颗粒料40千克；③7—8月日投喂膨化饲料120 ~ 140千克，每隔10 ~ 15天，将生态浮床上的空心菜割茬喂鱼；④9月日投喂颗粒料80千克，每隔3 ~ 5天投喂青饲料75千克左右；⑤10月上旬日投喂颗粒料80千克，每4 ~ 5天投喂青饲料一次，中旬日投喂颗粒料40千克，下旬降至20千克。11月停止投饵。

鱼种放养密度不同，单产水平差异较大。在投喂饲料时原则上给鱼吃饱，按照3% ~ 25%的投饵率投饵，并依据水温、天气情况适当调整，阴雨天气压低，水体溶氧量少，应减少投喂。

8.水质管理与增氧机使用

4月中旬后气温逐步升高，加水使水位达到2.5米以上，天阴时半夜容易发生浮头，需要开增氧机解救。一般晴天每天中午开机2小时左右，偿还池塘底部氧债，天气情况特殊时凌晨开机，甚至全天开机。

草鱼池塘种植空心菜对于改善水质效果良好，2012年，对安徽安庆栽种空心菜的池塘进行水化学测定，8月6日，进行昼夜水化学指标测定（表2），试验塘、对照池塘间隔4小时测定一次，对照池塘为隔壁的池塘，养殖模式相似。

表2 试验塘8月昼夜水化学测定

指标	试验点	9:00	12:00	16:00	20:00	24:00	4:00	平均
溶解氧含量（毫克/升）	试验塘	6.28	8.29	10.66	8.58	6.85	5.35	7.67
	对照塘	5.21	5.87	7.67	6.82	5.47	4.62	5.94
氨氮含量(毫克/升)	试验塘	1.849	0.891	1.104	1.194	1.063	1.269	1.228
	对照塘	2.523	2.206	2.743	2.647	2.399	2.213	2.455
亚硝酸盐含量（毫克/升）	试验塘	0.117	0.131	0.075	0.073	0.070	0.072	0.090
	对照塘	0.255	0.291	0.254	0.253	0.250	0.243	0.258
化学需氧量（毫克/升）	试验塘	16.36	15.89	14.96	16.07	15.76	16.01	15.84
	对照塘	14.24	14.68	13.36	14.06	14.04	14.93	14.22

结果表明，试验塘溶解氧含量波动在5.35 ~ 10.66毫克/升，平均值为7.67毫克/升，最低值的测定时间在4：00，最高值出现在16：00；对照塘溶解氧含量波动在4.62 ~ 7.67毫克/升，平均值为5.94毫克/升，试验塘溶解氧含量平均值、最高值、最低值分别比对照塘高1.73、2.99、0.73毫克/升。试验塘氨氮含量最大值为1.849毫克/升，平均为1.228毫克/升；对照塘氨氮含量最大值为2.743毫克/升，平均为2.455毫克/升，对照塘氨氮平均值高于试验塘1.227毫克/升。试验塘亚硝酸盐含量最大值为0.131毫克/升，平均为0.090毫克/升；

对照塘亚硝酸盐含量最大值为0.291毫克/升，平均为0.258毫克/升，高于试验塘0.168毫克/升。

9.病害防治

（1）坚持以防为主，防重于治，不用违禁药品。不同地区采用的预防措施不同，以安徽安庆为例：每月都进行预防，在开食的3月10日，可全池泼洒聚维酮碘，用量250克/亩；3月下旬，全池泼洒杀虫剂；4月下旬，用底改素全池泼洒，用量12千克/亩；5月中旬，预防性杀虫；5月下旬，内服保肝宁、三黄粉等连续4天；6月上旬，用三黄粉等；6月上中旬，生石灰全池泼洒，用量50千克/亩；6月中旬，亚硝克星全池泼洒，用量520克/亩；6月30日全池泼洒底改素，用量10千克/亩；7月上旬，内服保肝宁、三黄粉等连续3天；7月上中旬，亚硝克星全池泼洒，用量480克/亩，7月中旬，强氯精全池泼洒，用量500克/亩；7月中下旬，使用底改素10千克/亩，亚硝克星全池泼洒，用量480克/亩；8月上旬，亚硝克星全池泼洒，用量700克/亩。

（2）适时用微生态制剂调水。近年来，微生态制剂的使用越来越广泛，综合调水处理，已经成为高产鱼塘的重要技术，一般规模较大的养殖户均大量使用微生态制剂，包括泼洒和拌料，有的养殖户自己买菌种、藻类进行扩繁以降低成本，使用频率大约20天一次，主要使用的有EM菌、乳酸菌、小球藻、枯草杆菌等（图16）。

图16　养殖户扩繁菌种、藻类

（二）收获

1.轮捕上市

鉴于市场的原因，及时轮捕上市已经成为提高售价、增加经济效益的重要措施，轮捕的措施是和放养模式相配套，需要加大放养规格、拉开梯度、增加放养量。

2.轮捕上市次数

不同地区、不同放养模式有差异。以安徽石塘湖渔场面积为10亩的试验塘为例，6月15日开始轮捕上市，共进行四次。

（1）第一次轮捕是6月15日，捕捞规格1.75千克以上的草鱼上市。

（2）第二次轮捕，7月15日，捕捞规格2.25千克以上的草鱼上市。

（3）第三次轮捕，7月29日，捕捞规格2.5千克以上的草鱼和规格1.15千克以上的花鲢上市。

(4) 第四次轮捕，8月27日，捕捞规格0.4千克以上的白鲢，规格1.35千克以上的花鲢，规格3.25千克以上的草鱼上市。

除轮捕外，到11月13日干塘，合计捕捞成鱼16 723.5千克。

3.轮捕方法

(1) 网箱抬鱼方式。一般日出前起捕，采用专用定做网箱捕捞，规格（8～10）米×（8～10）米×2米，网孔大小依据捕捞对象制作，在鱼塘对岸两边埋设铁管，高度约3米，顶部安装滑轮，将捕捞网箱预设在投饵机前面的池底，拉动滑轮起捕网箱，配备一小船，将起捕网箱牵至池边，分拣上活鱼车，一般4人操作，30分钟内完成，操作方便，多为养殖基地养鱼户互相帮忙（图17至图20）。

图17　架设捕捞网箱

图18　捕捞操作

图19　捕捞拉起网箱

图20　分拣鱼类上车

(2) 拉网捕捞。也可使用拉网捕捞，对传统的拉网进行改进，中间改造成大网目或者栏栅，以便小鱼逃脱。

(三) 效益分析

1.经济效益

不同模式、不同的上市时间效益有较大差别，轮捕上市效益高于年底一次性上市，一年两季模式高于一季模式。

不同的放养模式产量有所不同，在江浙、湖北地区一般亩产1 500千克以上，广东水平较高，草鱼两季单产接近半吨。

安徽安庆石塘湖渔场10亩试验空心菜池塘平均亩产鱼类1 672.35千克。草鱼产量10 530千克，占总产量的62.97%，花鲢、白鲢1 640千克，占总产量的9.8%，鲫产量3 496.5千克，占总产量的20.91%，青鱼产量787千克，占总产量的4.71%，其他杂鱼产量270千克，占总产量的1.61%。总共投放鱼种4 425千克，增重倍数3.91，其中草鱼为2.76倍，鲫14.1倍，青鱼5.13倍，花鲢1.64倍，白鲢8.23倍。试验塘总计销售收入185 970元，合计支出成本129 297元，利润56 673元，平均亩利润5 667.3元，投入产出比1 ∶ 1.43（表3）。

表3 试验塘经济效益分析

单位：元

成本分类项目							收入		
鱼种费	饲料费	电费	塘租费	药物费	折旧费	小计	总收入	总利润	亩利润
51 297	66 000	3 500	4 000	3 500	1 000	129 297	185 970	56 673	5 502.2

2016年，云南开远市水产站进行了池塘渔-菜共生综合种养技术试验，试验塘共收获鱼产量250 380千克，亩均单产1 070千克，养鱼总收入300.46万元，对照池鱼产量共77 298千克，亩均单产991千克，养鱼总收入92.76万元。试验塘与对照池相比，亩均鱼产量高79千克，亩增毛利948元，亩增纯利237元，与不种菜相比，溶解氧高10%～20%、透明度高5%～10%、氨氮降低20%～30%。池塘年产空心菜1 739.32千克/亩，亩均纯收入998元。

2014年，陕西省水产研究所在陕西省西安北郊渔场开展了生态浮床净化养鱼池塘水质的试验，池塘面积为8.4亩，主养草鱼，混养鲢、鳙、鲤和鲫，生态浮床为框架式，种植空心菜，池塘水面植物覆盖率保持在10%。2个月的实验结果表明，生态浮床对各种形态的氮、磷均具有显著的去除作用。其中铵态氮的含量相比对照组下降了78.6%，其他各种形态的氮含量相比下降了26.2%～40.4%，各种形态的磷含量相比下降了20.2%～25.6%。试验池塘养鱼成活率为96.3%，相比对照池塘提高了10.2%。平均单产增加量相比对照池塘提高了31.5%。平均月产空心菜410千克。

2.生态效益显著

安徽试验塘获得了成功，单产1 672.35千克，而周边传统模式精养塘的产量多在1 100 ~ 1 250千克，试验塘比传统精养塘单产增加了30%左右，亩利润提高了约2 000元。配备微孔增氧设备和生态浮床的池塘发生显著的变化。一是浮头的现象基本消除。二是摄食量明显增加，特别是早晨对照塘还在因浮头开叶轮式增氧机救鱼时，试验塘鱼已经投喂完毕。三是鱼病几乎没有形成危害。四是饵料系数明显下降，生态浮床生长的空心菜直接割茬喂草鱼，作为青饲料，预防了肝胆综合征的发生，降低了饵料系数，降低了成本，提高了效益。五是池底溶解氧含量得以提高，底层鲫和青鱼生长好，鲫放养规格10尾/千克，年底规格达到350克/尾，增重倍数14.1倍；放养规格青鱼250 ~ 1 000克/尾，增重倍数5.13倍。

3.水化学指标明显改善

精养塘水质状况明显改善，管理压力减轻，不再需要在水质过肥的情况下大量换水救鱼，试验塘在养殖过程中基本没有向外排水，达到了减排的目的，水化学指标分析也证明了这一点。

4.技术改进措施

通过水化学监测及浮游动植物、鱼类上市规格的分析，试验塘仍然有改进空间，池塘高产的限定因子溶解氧含量大幅提高，即使池底溶解氧含量高于3.5毫克/升，仍可以提高放养密度，以增加产量。特别是2018年以来，国内在推广中国科学院水生生物研究所选育的“中科5号”鲫，相比“中科3号”，“中科5号”具有两个明显的优势。一是在低蛋白的饵料系数下，即投喂低蛋白（27%）、低鱼粉（5%）饲料时，一龄鱼的生长速度平均比“中科3号”提高18%；而“中科3号”则需要在31%～32%的蛋白饵料系数下才能生长较好；二是“中科5号”的抗病能力较强，与“中科3号”相比，感染鲫疱疹病毒时存活率平均提高12%，养殖过程中对体表黏孢子虫病有一定的抗性，成活率平均提高20%，可选择放养。

5.适应市场变化

当前，草鱼市场已经发生了很大变化，年底集中上市已经存在很大风险，养殖模式需要按照市场进行调整，同时提升技术水平，广东、福建一年两季草鱼养殖模式以及鱼种分级培养模式值得借鉴。

三、乌鳢-空心菜-水芹菜种养技术

乌鳢俗称黑鱼、生鱼、才鱼、黑火头、蛇头鱼等。其营养丰富，尾肉鲜美，深受百姓喜欢，是中国人的“盘中佳肴”。中医认为有一定的药用价值：鳢性寒、味甘，归脾、胃经；能够“补心养阴，澄清肾水，行水渗湿，解毒去热”。民间普遍认为：乌鳢作药用具有去瘀生新，滋补调养等功效，外科手术后，食用乌鳢具有生肌补血，促进伤口愈合的作用。在我国的广东、广西、香港、澳门及东南亚国家更把“生鱼葛菜汤”视为病后康复和老幼体虚者的滋补珍品，认为具有清热解毒、生津止渴、去瘀生新的功效，广西一带民间常视乌鳢为珍贵补品，用以催乳、补血；三北地区常有产妇、风湿病患者觅乌鳢食之，作为一种辅助食疗法。现代营养学分析表明，乌鳢肉中含蛋白质18%、脂肪1.2%、18种氨基酸等，还含有人体必需的钙、磷、铁及多种维生素；每100克乌鳢肉中含维生素A 26.0微克，维生素E 0.97微克，维生素B_1 0.02微克，维生素B_2 0.14微克，维生素B_3 2.5微克。据统计资料显示，我国的乌鳢产量在60万吨以上，在广东、浙江、湖南、湖北、安徽、山东等地都有养殖，可以说长江流域、黄河流域、淮河流域都有养殖，一般区域养殖单产多在2 500 ～ 4 000千克，其中以广东佛山地区单产水平为高，中山、顺德最为集中，单产高的可达10 000 ～ 20 000千克，由于产量高，传统投喂以冰鲜鱼为主，污染比一般养鱼塘严重，近年来进行改进，配合饲料养殖不断推广，有所改善，但在当前环保压力下，推广乌鳢-菜生态种养模式净化水质、达标排放更显重要。

（一）技术与方法

1.池塘条件

（1）池塘面积。一般池塘面积3 ～ 10亩，水深1.6 ～ 2.5米，由于单产高，池塘面积不必过大。进出水口设置防逃设施，配备增氧机械。

（2）池塘清整。清除过多的淤泥，生石灰彻底清塘，每亩用量150千克，带水清塘。

2.鱼种放养

（1）品种。各地养殖品种有所差异，广东地区养殖的有乌鳢、斑鳢（图21）、杂交鳢。其他地区养殖的多为乌鳢，但杂交乌鳢养殖有所增加。

如浙江杭州地区推广养殖杭鳢1号，资料显示，杭鳢1号是全国水产原种和良种委员会审定品种，杭

图21 斑 鳢

鳢1号在外形上与广东杂交鳢差别不大，母本为珠江水系的斑鳢，父本则为钱塘江水系的乌鳢。该品种被确定为浙江2010年养殖渔业九大主推品种之一。据了解，该品种经人工驯食可在成鱼阶段完全摄食人工配合饲料，生长速度较乌鳢快20%以上，较斑鳢快50%以上，在江浙地区可自然越冬，养殖前景广阔。

(2) 放养模式。放养的时间、规格和上市时间相关，放养的密度和单产相关，在当前严格控制尾水排放的大环境下，推荐降低放养密度，实施健康养殖。各地的放养模式有所差异。

安徽乌鳢放养模式：安徽省怀远县白莲坡镇找郢村乌鳢养殖面积1 000多亩，放养密度3 000 ～ 4 000尾/亩，单产一般2 500千克/亩，最高单产5 000千克/亩。2013—2015年，安徽省安庆市宜秀区的乌鳢-空心菜池塘养殖试验，5月下旬至6月初，从本地水产良种繁育场购进3 ～ 4厘米的乌鳢夏花鱼种，投放到苗种培育池培育，经过20天左右的培育，规格达到10 ～ 15厘米/尾，然后转入到成鱼池进行养殖。每亩

2 500 ~ 3 000尾，套养100 ~ 200尾大规格鳙鱼种。亩产乌鳢3 183千克，空心菜750千克，年均亩利润16 500元。

广东放养模式：养殖地区集中在广东佛山、中山、江门、清远等地。放养的有乌鳢、杂交鳢等，适当驯养品种调水。①当年出鱼模式。5月前放苗，当年10月出鱼。目前大多数生鱼养殖户选择当年出鱼养殖模式，5月前下刚孵出7天左右的生鱼苗，经5 ~ 6个月养殖，10月出鱼，12月之前清塘。其亩产可达5 000 ~ 6 000千克，饲料系数为1.0 ~ 1.1。②翌年出鱼模式。此模式也有部分养殖户采用，5月1日之前下头批苗，经11个月左右的养殖周期，翌年4月15日前清塘，亩产可达6 000 ~ 7 500千克，饲料系数为1.1 ~ 1.2。③大规格鱼养殖模式。即在10月1日之前投放规格为0.4千克/尾以上的鱼，放养密度为4 000 ~ 5 000尾/亩，配养花鲢、鲫，经5 ~ 6个月的养殖周期，在翌年根据市场行情出鱼，在翌年4月15日之前清塘，避免受5月乌鳢排卵期的影响。亩产可达5 000千克左右，期间饲料系数为1.4 ~ 1.6。④秋苗养殖模式。有少部分养殖户采用秋苗养殖模式，一般在7—8月放养尾批苗，投放密度为4 000 ~ 5 000尾/亩，春节前养至100 ~ 250克/尾，翌年7—9月出鱼，12月之前清塘，可根据行情出售，亩产4 000 ~ 5 000千克，期间饲料系数为1.4左右。

浙江杭鳢1号-菜放养模式：杭州周边地区推广杭鳢1号和空心菜、水芹菜放养模式，主要有早苗当年养殖模式和迟苗跨年模式。①当年养成模式。4月下旬至5月初乌鳢鱼苗下塘，培育到长6～7厘米时分塘，时间在6月初，亩放养数量4 000～6 000尾，11月起捕，亩产在2 250～2 500千克，空心菜等种植面积占池塘面积约20%，亩产空心菜1 000千克左右。②迟苗跨年模式。迟苗8月初分塘，亩放养密度4 000～6 000尾，翌年5月起捕上市。

内蒙古乌鳢-菜模式：内蒙古乌拉特前旗乌鳢养殖有十几年的发展历史，目前，已发展到1 200多亩。为解决污染问题开展空心菜、水芹菜试验，自5月20日至9月30日，空心菜每平方米每茬产量15.1千克，共收6茬；水芹菜每平方米每茬产量12千克，共收3茬。

3.浮床制作

生态浮床制作参照前面“池塘草鱼-空心菜种养技术”。

4.空心菜、水芹菜种植

（1）空心菜种植。乌鳢池塘可选择高秆空心菜（图22），种植参照“池塘草鱼-空心菜种养技术”。

（2）水芹菜种植。水芹菜挑选具有较强耐高温能力、品种优良的无节品种（图23），如选用耐热的常熟白芹、玉祁红芹等品种。

水芹菜种子种植时间，北方地区通常是1—3月进行育苗，定苗时间在3—4月，而5—7月收获。长

图22　高秆空心菜

图23　水芹菜

江流域最适宜的播种时期是3月。

育苗催芽：水芹菜的种皮比较厚，直接种不易发芽，一般会采用育苗移栽，3—4月对水芹菜种子进行催芽育苗，一般3 ~ 5天时间，等到种子有50%露白时，就可以播种在苗床上。如果夏季催芽，需要采取催芽降温措施后播种。

水芹菜移植：将育好的水芹菜苗移植到浮床上，乌鳢养殖密度大，水质较肥，以处理尾水为目的，不需要依水芹菜生长情况施肥（图24）。

图24　安徽凤台浮床水芹菜

排种：有条件的区域可采用排种方式。从5月中旬开始陆续在留种田进行排种作业。排种选用耐热的常熟白芹、玉祁红芹等品种。排种发芽后30天左右，水芹菜长至20 ～ 25厘米高时即可采收。采收时根部留1 ～ 2厘米的茎，如管理得当可采收3次。

（3）乌鳢池塘空心菜、水芹菜种植面积。乌鳢不像草鱼直接摄食空心菜、水芹菜，乌鳢池塘种植的空心菜、水芹菜主要用于净化水质，乌鳢养殖密度高于草鱼，种植蔬菜面积往往大于草鱼池塘，水生蔬菜也需要移出出售。在湖南试验在乌鳢养殖池投放不同密度梯度的水蕹菜，再对乌鳢生长情况和水体理化性质和浮游动植物进行检测，结果表明：①水蕹菜在30%种植量时，乌鳢增长率最高，为31.7%，存活率为23%；对亚硝态氮去除率最高，为84.1%。②20%种植量对总氮、氨氮的消减效果最好，去除率分别为38%、8.8%。③种植量在20% ~ 30%时，溶氧量较大。

5.饲养管理

（1）冰鲜鱼饵料。传统的乌鳢养殖是投喂冰鲜鱼，捕捞储存大量的冰鲜鱼破坏了资源，投喂污染严重，病害发生严重，往往饵料系数达到4.5 ~ 5.5，劳动工作量大，目前，不提倡采用冰鲜鱼投喂。

（2）专用配合饲料。以杭鳢1号养殖为例：选用专用浮性配合饲料，设置一饵料台，饵料台可用PVC管围成方形框，以防止浮性饲料散开。饲料蛋白质含量38% ~ 41%，依据鱼体大小调整饲料颗粒规格。鱼体体重20 ~ 50克时投喂1号料和2号料，体重50 ~ 150克时投喂3号料，体重150 ~ 300克时投喂4号料，体重300 ~ 500克时投喂5号料，体重500克以上投喂6号料。一般原则按照投饵率3% ~ 8%进行投喂，日投喂2 ~ 4次，规格小的时候投饵率高些，投饵量应根据天气、水温、水质和鱼的摄食情况进行调整，原则上给鱼吃饱，每次投喂的饲料在30 ~ 40分钟吃完为宜。11月温度降低，逐步减少投喂，水温降低到10℃左右基本停止投喂，翌年开春后水温达到13℃以上时开始观察投喂，开始少投，逐步增加。

6.水质调控

乌鳢养殖密度高，残饵、排泄物多，沉积于池底发酵分解常产生硫化氢、氨氮及亚硝酸盐等有害物质，易导致乌鳢中毒或发生疾病。尤其是高温季节，水质变化快，会导致池水变黑等，应采取措施管控水质。

（1）管理好生态浮床。保持浮床上种植的空心菜、水芹菜等正常生长，发挥净化作用，适时管理收割，并保持适宜面积，不足及时补充，特别是夏季水温超过30℃以上时可为乌鳢遮阳降温。

（2）定期加注换新水。定期加水，补充消耗，3—5月每15天换水1次，加水量为池水的15～20厘米，6—9月每10天加水1次，具体看水质情况灵活掌握，高温季节要升高池塘水位，关注水温变化，保持水温的相对稳定性。需要外排水的基地，设置尾水处理池。

（3）生石灰调节水质。泼洒生石灰水，养殖期间，每15天每亩用生石灰10～15千克化水全池泼洒，保持池水pH 7～8.5，透明度25～30厘米，溶氧量5毫克/升以上，水色为油绿（绿豆青）色。微生态制剂调节：每20天左右，交替使用EM菌等维持池塘生态平衡，改善水环境，降氨氮用枯草芽孢杆菌，降亚硝酸盐用硝化细菌、反硝化细菌等，依据池塘实际情况灵活选用。

7.病害防治

乌鳢池塘养殖由于密度大、单产水平高，病害发生较为严重，投喂冰鲜鱼的传统池塘病害更加严重，如诺卡氏菌病、出血病、口腔和头溃烂、体表溃疡、烂尾等，往往带来严重损失。应坚持“防重于治”的原则，发挥渔-菜模式优点，生态调节和科学预防相结合，从增强鱼体抗病能力着手，控制发病率，提高成活率。降低放养密度也可降低病害发生率。

（1）彻底清塘。晒塘，清除过多的淤泥，彻底清塘、杀灭病原菌。

（2）选乌鳢良种、消毒。选用乌鳢或杂交良种，不从病区引进苗种，并进行检验检疫。投放鱼种时，注重消毒处理，如用3%～5%的食盐水或其他药物浸洗鱼体5～8分钟后进行投放。

（3）投喂配合饲料。逐步淘汰投喂冰鲜鱼模式，使用优质配合饲料，可大大减少发病情况，不能全部淘汰的严格控制，保证饵料鱼没有受到诺卡氏菌或其他菌类污染，避免引起感染或肠道疾病，投喂冰鲜鱼要解冻至常温，并用聚维酮碘浸泡消毒后再进行投喂。

（4）药物预防。定期用二氧化氯、聚维酮碘等药物进行水体消毒；可在食台四周挂药物袋，形成局部药浴区预防，如挂二氧化氯或漂白粉预防细菌性鱼病，挂硫酸铜可以预防车轮虫等；定期在饲料中添加黄芪多糖（免疫增强剂）+维生素C、中草药等进行预防，高温季节在饲料中拌入大蒜素，每15天投喂1次。多观察塘鱼情况，一旦有病，要及时发现，及时控制，采用外用加内服的方式，如氟苯尼考+维生素C、三黄粉等，不使用违禁药物预防治疗。对于淤泥多的老塘口，定期使用生物和化学相结合的方法处理底部。

（二）收获

乌鳢上市规格一般500克以上，不同的放养模式上市时间不同，干塘捕捞。乌鳢的市场价格变化较大，应关注市场价格变化。

四、鲤-空心菜种养技术

黄河流域、淮河流域、东北等北方地区鲤销售有一定市场，鲤的池塘养殖面积较大、产量高，具有一定的代表性。据全国大宗鱼类体系资料介绍，全国的鲤养殖产量接近400万吨。河南、山东、河北、北京、辽宁、吉林等地养殖规模大，技术水平也较高，亩产多在1 250 ~ 2 500千克，有的单产水平更高。近年来，也开展了鲤-菜模式的实验，取得了良好效果，如吉林省长春市水产品质量安全检测中心试验在鲤精养塘中种植空心菜，结果表明在北方寒冷地区进行渔-菜共生种养完全可行。

（一）技术与方法

1.池塘条件

（1）池塘面积。面积每口5 ~ 20亩，水深2.0 ~ 3.0米，要求进排水方便，进出水口设置防逃设施，电源正常，配备自动投饵机和增氧机械。

（2）池塘清整。清除过多的淤泥，生石灰彻底清塘，每亩用量150千克，带水清塘。

2.鱼种放养

鲤的品种较多，不同区域有所不同，主要有黄河鲤、淮河鲤、建鲤、散鳞镜鲤等。近年来，全国大宗鱼类体系在全国推广通过全国水产原种和良种审定委员会审定的松浦镜鲤、福瑞鲤、松浦红镜鲤和芙蓉鲤鲫等。

（1）松浦镜鲤。该品种头小背高，可食部分比例大，鳞片少；与德国镜鲤F4相比，生长速度快30%以上，1、2龄鱼平均越冬成活率提高8.86%和3.36%，3、4龄鱼平均相对怀卵量提高56.17%和88.17%。适宜在全国各地人工可控的淡水中养殖（图25）。

图25　松浦镜鲤

（2）福瑞鲤。中国水产科学研究院淡水渔业研究中心培育，性状优良，适应性广、抗病能力强、生长迅速（比普通鲤鱼提高20%以上，比建鲤提高13.4%）、体型好（体长与体高比约为3.65）、肉质细嫩、成活率高等（图26）。

（3）松浦红镜鲤。其体色能稳定遗传，后代基本不发生分离，生长速度、成活率接近散鳞镜鲤，

图26　福瑞鲤

生长速度较荷包红鲤抗寒品系快；体纺锤形，鳞被框形；是一个集食用、观赏、育种一体的优良新品种（图27）。

图27　松浦红镜鲤

（4）芙蓉鲤鲫。湖南省水产研究所培育，性状优良，具有体型好、生长快、肉质好、抗性强、制种易等优点，深受养殖户欢迎（图28）。

图28　芙蓉鲤鲫

（5）放养数量与模式。放养的密度和单产相关，甚至还进行一年两茬鲤高产养殖试验，在当前严格控制尾水排放的大环境下，推荐降低放养密度，实施健康养殖。各地的放养模式有所差异。

吉林省长春市鲤-菜放养：鲤鱼种放养密度1 200尾/亩，规格350克/尾，搭配投放鲢、鳙夏花苗种各1 500尾/亩。

主养鱼种放养：每亩放鲤夏花鱼种20 000 ~ 30 000尾，花鲢、白鲢夏花2 000 ~ 4 000尾。

当年夏花养成鱼放养：每亩放鲤夏花2 500 ~ 3 000尾，夏花要求培育到4 ~ 5厘米后再作为主养鱼放养，这样可提高成活率，再搭配花鲢、白鲢夏花3 000 ~ 5 000尾/亩。

常规养殖成鱼放养：每亩放养鲤鱼种1 500 ~ 5 000尾，规格为50 ~ 100克/尾，套养花鲢、白鲢鱼种400 ~ 500尾，规格为50 ~ 100克/尾，在套养规格10 ~ 15克/尾草鱼种100 ~ 150尾，鲫鱼种200 ~ 300尾，规格为25 ~ 50克/尾，或者夏花鱼种600 ~ 1 000尾。

3.生态浮床制作

参照“池塘草鱼-空心菜种养技术”。长春市水产品质量安全检测中心试验用PVC-U管（50管）弯头和粘胶将其首尾相连，形成密闭、具有一定浮力的框架，规格1米×4米，用聚乙烯绳或其他不易锈蚀材料的绳索将网片固定在浮床框架上。浮床铺设面积8% ~ 10%，最多不超过15%。种植时间依据当地气温条件确定，如吉林长春在7月，偏南方区域可以适当提早。

4.饲养管理

选用优质鲤全价配合颗粒饲料，蛋白质含量为35%左右，随着鲤的生长，颗粒饲料直径逐渐加大。当鱼种入池集中上浮，应少量驯食，待鱼种正常摄食后，应坚持“四定”“四看”原则，用自动投饵机投喂，一般投饵率为3% ~ 5%。每次投喂时间控制在0.5 ~ 1小时，喂料时当看到有80%的鱼离开食场后，就应停止投喂，并依据天气情况进行调整，鱼原则上“八成饱”以上，以提高饲料利用率。每天巡塘3次，早上查鱼是否浮头，勤捞蛙卵，消灭有害昆虫及其幼虫；午后查鱼活动情况，勤除杂草；傍晚查鱼池水质、天气和鱼吃食情况等，勤做日常管理记录；夜里也要注意巡塘，及时开启增氧机，防止浮头现象的发生，正常天气中午开启增氧机偿还池塘底层氧债，加快有害物质循环分解。

5.水质管理

水质调控对于高密度主养鲤非常重要，水质调节好了，水中溶解氧含量充足，有害物质少，有利于鱼生长。放养以后随着水温升高而加深水位，一般6月初水深1.5米左右，7月初保持2 ~ 2.5米，每月加注新水30 ~ 40厘米，每亩用15千克生石灰全池泼洒一次，调节水质。夏季水温超过20℃时，定期使用微生态制剂调节水质，如EM菌、枯草芽孢杆菌等。

6.鱼病防治

鲤抗病能力较强，一般很少得病。但鱼病防治应坚持“以防为主、综合防治”的原则，鱼种入池前进行消毒，饲养期间每15 ~ 20天，全池泼洒一次二氧化氯、聚维酮碘等消毒剂；每月用杀虫药物全池泼洒1次，以驱杀鱼体表及鳃上的寄生虫；同时每月投喂一个疗程的药饵，以增强鱼种体质，提高其抗病能力，如内服中草药、免疫多糖等。

（二）收获

1.鱼类起捕

不同放养模式起捕规格一般在750 ~ 1 500克，东北地区偏爱规格比较大的鲤，应根据市场情况调整放养规格或者模式。鲤主养一般单产水平很高，多在1 000 ~ 2 500千克/亩，吉林省长春市水产品质量安全检测中心试验的鲤-空心菜池塘，每亩单产1 858千克，有的黄河流域的高产试验亩产可达5 000千克。

2.蔬菜收获

鲤池中种植空心菜主要是为了调节水质，改善池塘环境，同时也能收获，吉林省长春市水产品质量安全检测中心试验的鲤-空心菜池塘，面积均为10亩，从7月15日开始收割空心菜，共收割4次，8月30日结束，平均生长规格为2千克/米^2，1号塘共收割空心菜1 600千克，2号塘共收割空心菜1 120千克，共计生产空心菜2 720千克。

（三）效益分析

鲤-空心菜模式应用，取得了良好的效果。长春市水产品质量安全检测中心对鲤-空心菜试验塘和对照塘的氨氮、亚硝酸盐的分析结果表明，试验塘与对照塘初期氨氮值基本相同，随着养殖深入，试验塘氨氮值逐渐降低，并基本维持在适合养殖的合理范围，而对照塘氨氮值有升高的趋势。1号塘的监测值略低于2号塘，浮床区也略低于养殖区；试验塘亚硝酸盐监测值明显呈现逐渐降低再保持稳定的状态，而对照塘随着养殖时间增长，监测值逐渐升高，高于试验塘监测值。可见渔-菜共生对北方精养池塘具有明显的水质改良效果，氨氮、亚硝酸盐含量降低20%以上，可以继续探索改进（图29、图30）。

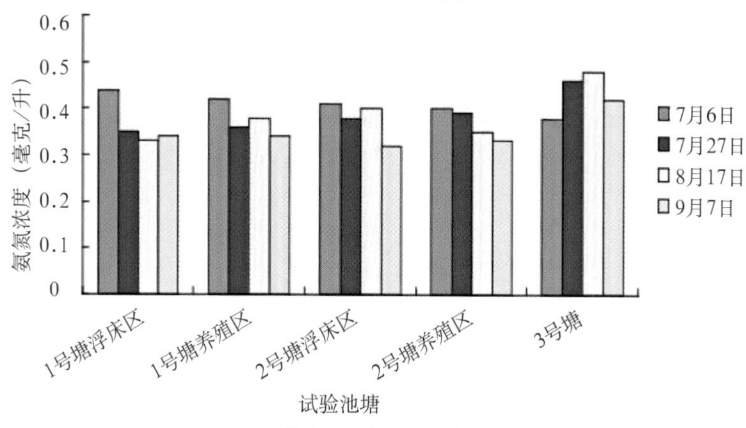

图29　鲤-菜氨氮分析（刘永波）

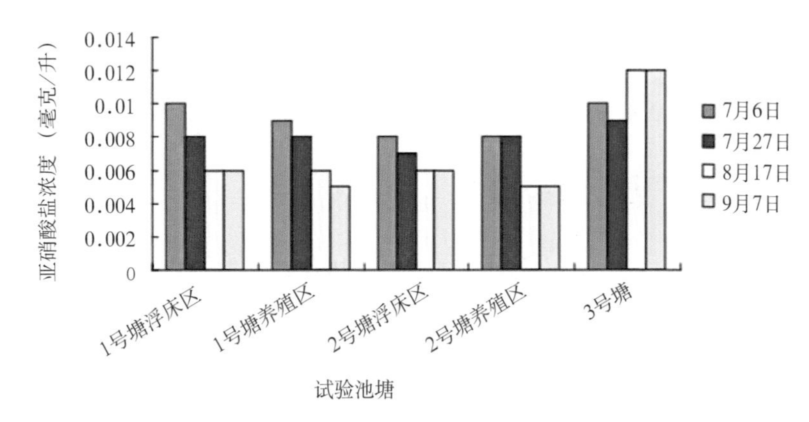

图30　鲤-菜亚硝酸盐分析（刘永波）

五、泥鳅-空心菜种养技术

泥鳅是一种分布广泛，适应性很强，对环境条件要求不高的小型淡水鱼类。我国几乎从南到北均有分布，泥鳅肉清淡味美，肥嫩爽滑，蛋白质、磷、铁、钙、锌等含量丰富，深受百姓喜爱，“泥鳅钻豆腐”是闻名中外的传统名菜。民间还认为有药用价值，能补中益气、滋阴壮阳、清热利尿。泥鳅在国际市场上有一定的销路，主要是销往日本、韩国、中国香港，年出口量数百万千克，在江苏、山东、福建、安徽等地都有养殖泥鳅。鳅类在国内的养殖主要有两个品种，泥鳅、大鳞副泥鳅。据不完全统计，泥鳅的养殖产量大约在40万吨。由于泥鳅有特殊的生物学习性，耐低氧，所以一般泥鳅养殖单产普遍较高，养殖尾水的处理排放任务较重，泥鳅-菜模式对于改善鳅塘环境有积极作用。水面长菜、水下养泥鳅受到养殖户的欢迎，较适合在城市周边地区推广。

泥鳅，一般称为土泥鳅，体为长圆柱形，尾部侧扁，口下位呈马蹄形，口须5对，最长的须后伸到达或超过眼后缘。无眼下刺，鳞小，埋于皮下，尾柄上皮褶棱低，尾柄长大于高，尾鳍圆形，肛门靠近臀鳍。体色因栖息环境不同而有变化，一般体背及体侧灰黑色，并有黑色小斑点，腹部灰白色，也有体色偏浅黄色。尾柄基部上方有一黑色大斑。泥鳅个体不大，味道鲜美，我国泥鳅多出口韩国、日本（图31、图32）。

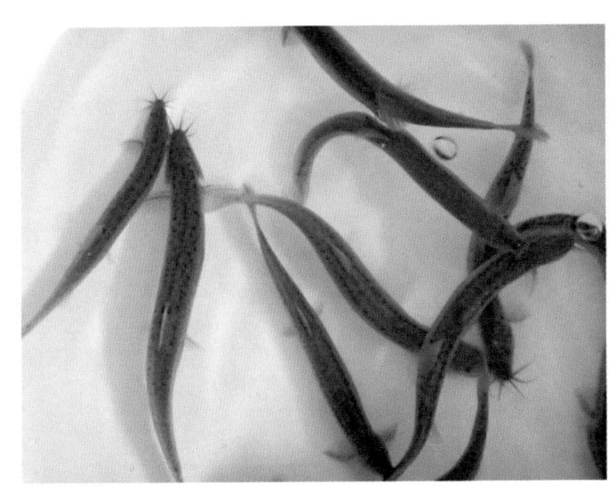

图31　泥　鳅

图32　安徽出口韩国的泥鳅

大鳞副泥鳅，俗称大板鳅，体形酷似泥鳅，口须5对，眼被皮膜覆盖，无眼下刺，鳞片较泥鳅大，埋于皮下。尾柄处皮褶棱发达，与尾鳍相连，尾柄长与高约相等，尾鳍圆形，肛门近臀鳍起点。个体较大，体色因栖息环境不同而有变化，体色偏黄、黑色（图33）。近年来，台湾经过选育的大鳞副泥鳅也称台湾泥鳅推广较为迅速，台湾泥鳅与传统养殖的本地泥鳅相比，具有生长快、个体大、产量高、养殖周期短、耐高温、抗病力强的优点，从水花到成品泥鳅，养殖4 ~ 5个月即可上市，且平均体重可达100克/尾左右，最重的可达到250克/尾，其体重是本地泥鳅的数倍。

图33　台湾大鳞副泥鳅

（一）技术与方法

1.池塘条件

（1）池塘面积。泥鳅养殖池面积一般都不大，池塘多为长方形，面积为3 ~ 5亩，水深要求70 ~ 100厘米，池埂高1.2 ~ 1.4米，不渗漏。池塘进排水系统要相对设置，进水口铺设60～80目[*]筛绢网，防止野杂鱼及有害生物进入。池塘排水管埋在池底下50厘米处，有利于排水，排水管通过套接弯头连接直径为160毫米的PVC管，竖立水中，露出水面40～50厘米，露出水面部分钻有直径为3毫米的小孔，当水位达到小孔时，即自动排水，实现控制水位的目的。池塘四周靠边埋设防逃网，防逃网地下深埋60厘米，地上竖立100厘米。高产池塘安装微孔增氧装置（图34）。

图34　安徽肥西泥鳅池

（2）池塘清整。清除过多的淤泥，彻底清塘，生石灰或漂白粉带水清塘，生石灰用量100千克/亩，清塘后进水严格过滤，要注意一定不要混入肉食性的鲶、乌鳢等。

2.浮床设置

参照“草鱼-空心菜种养技术”浮床制作，也可

---

* 目为非法定计量单位，表示正方形网眼筛的网眼大小规格。

采取其他简便方法制作。空心菜种植面积占池塘水面的20% ~ 25%为好。面积过小，水质调控能力不足，空心菜产量少，形不成效益。面积过大，则影响水体光合作用，降低溶氧量。

（1）育苗时间。空心菜育苗应选在4—5月，育苗菜地要施足基肥，一般每亩施腐熟粪肥2 000 ~ 3 000千克。

（2）浸种催芽。播种前，应对种子进行处理。用30℃左右的温水浸种18 ~ 20小时，置于25℃的环境条件下催芽，有50% ~ 60%的种子萌发露白时即可播种。

（3）播种。每亩用种量6 ~ 10千克。播前用60%丁草胺乳油500倍液或96%异丙甲草胺乳油1 500 ~ 2 000倍液喷洒畦面除草。播种后用细土覆盖，浇水保湿。

（4）出苗移栽。苗长到12 ~ 15厘米时就可以往浮床移栽了，浮床栽种空心菜苗，应选择在傍晚进行，避免中午高温，每平方米浮床栽种空心菜苗40 ~ 50棵。

3.鳅种放养

（1）放养时间。泥鳅放养时间根据情况而定，一般在5—6月，最好一次放完，宜在9:00之前或16:00以后放养。泥鳅放养前用浓度为3%的食盐水浸泡4 ~ 5分钟或用苗种浸泡剂浸泡3分钟消毒。

（2）放养规格与密度。放养的规格、密度和产量密切相关，各地不同模式差别较大，一般主养泥鳅，适当搭配花鲢、白鲢，大致分为几种类型。①大规格泥鳅放养。大规格泥鳅种，规格100尾/千克左右，高产地区放养密度1 250 ~ 1 500千克/亩，密度低的区域放养量600 ~ 700千克/亩。②中规格泥鳅放养。中规格泥鳅种，规格200 ~ 300尾/千克，放养密度为500 ~ 1 000千克/亩。③小规格泥鳅放养。小规格泥鳅种，500尾/千克以内，放养密度8万 ~ 12万尾/亩。同池放养的泥鳅要求规格均匀、无病无伤。④秋苗春季放养。近年来，泥鳅市场季节性价格波动明显，传统的集中上市季节价格有明显下跌，为错峰上市，开展台湾泥鳅秋季繁殖，春季放养，7—8月就可上市，受到养殖户欢迎。

4.饲养管理

在鳅种投放3 ~ 5天后要进行少量投饵，半个月后为正常投饵量的一半，所用饵料为专用颗粒饲料，饲料蛋白质含量在35%左右。随着水温的逐步升高，增加投饵。水温8 ~ 15℃时，每天投喂1次，投喂量为体重的1%，2 ~ 3小时吃完较为合理；水温15 ~ 20℃时，每天投喂2次，投喂量为体重的2%，2小时吃完较为合理；20 ~ 25℃时，每天投喂3次，投喂量为体重的3%，1小时吃完为好；25 ~ 32℃时，投喂量为体重的4% ~ 5%。每天投喂4次，分别在5:00、9:00、15:00、21:00。每年6—8月，因为气温较高，泥鳅活动量较大，且食欲旺盛，往往投饵量大，水温在32 ~ 35℃条件下应适当少投。到了9月下旬，水温下降，要结合气温状况调整投喂量与投喂次数，逐步减少。在10 ~ 15℃水温条件下，每天要投喂2次，避免泥鳅由于饵料不足发生掉膘的现象，并按照泥鳅体重的0.5%进行投喂。如果水温不超过10℃，应该采取少量投饵的方法，让泥鳅的摄食需求得以满足。投饵应该保证定点、定时、定质和定量，投饵量结合天气、季节、水质和泥鳅吃食活动状况确定。在遇到阴雨天时，应该少投或不投，如果水质较肥，则一般不投。

5.水质管理

由于泥鳅池一般水浅、放养密度高，夏季水质容易恶化，要勤巡塘，池水透明度控制在25 ~ 30厘米，水色以黄绿色为好，溶氧量为3.5毫克/升以上，天气好时中午开机，遇到闷热天气或泥鳅经常游到水面浮头“吞气”，要及时开启微孔增氧机等，阴雨天全天开机或半夜开机。

（1）管理好池塘种植的空心菜，及时割茬，发挥渔-菜结合净化水质的功能。

（2）及时加注新水，定期加注新水，每次加水5 ~ 10厘米，发现水色过浓或发黑时及时加注新水或换水。

（3）实时调节水质，每月每天使用生石灰调水一次，每次用量5 ~ 10千克/亩；定期使用微生态制剂，如每20天用EM菌、光合细菌、芽孢杆菌等调水。

（4）改善底质，对于池底严重恶化、水质差的池塘应及时使用生物和化学结合的方法处理，使用能降低亚硝酸盐浓度的药物及时处理。

6.病害防治

泥鳅整个养殖过程中常见的病害主要有车轮虫病、水霉病、出血病、赤皮病、肠炎病，一般放养前10天内与8月后为泥鳅发病高峰期，尤其是白露前后发病死亡率最高。应坚持“以防为主”的原则，首先做好彻底清塘和放养鱼种消毒；投喂优质饲料，增强体质提高抗病能力，定期在饲料中添加多维、免疫多糖、保肝护肠中草药、微生态制剂，以增加鱼体免疫力和抗应激能力；每次换水后或每隔20天对池塘水体进行杀虫和消毒处理，可用0.5毫克/升硫酸铜加0.2毫克/升硫酸亚铁全池泼洒，杀灭池中寄生虫，然后用消毒剂（硫醚沙星、聚维酮碘）等药物进行消毒；对于爆发性出血病、白血病应及时发现，采用外用内服的方式及时治疗，可参照使用苯扎溴铵0.2毫克/升加0.2毫克/升戊二醛混合全池泼洒，严重时隔日再泼洒1次；对赤皮病、肠炎外用聚维酮碘全池泼洒，严重时隔日再泼洒1次，同时，用恩诺沙星拌饲料投喂，连喂3～5天。

泥鳅抗应激措施：在养殖实践中发现，泥鳅好静怕惊，特别是高产池塘，每次雷雨后，泥鳅死亡率增加，在雷雨前、气温骤变、大量换水时，都会产生应激反应，可泼维生素C等抗应激剂，维生素C用量250克/亩，以提高泥鳅抗应激能力，防治体表脱黏。

（二）收获

泥鳅的收获按照放养模式的时间节点收获，一般亩产可达1 500 ~ 3 500千克，放养密度高的单产可达5 000千克。

空心菜一般播种移栽后30多天开始采收，能采收5 ~ 6茬，价格2 ~ 3元/千克。

据报道，四川省简阳市民房渔业专业合作社投放鳅苗14万~ 15万尾，成活约10万尾，鳅塘有40%的水面种植了空心菜。1亩鳅塘至少产泥鳅2 000千克、空心菜5 000千克。

四川省成都市农林科学院在简阳市贾家镇民房渔业专业合作社基地进行了泥鳅-空心菜立体种养高产高效模式试验，4月上旬，从山东梁山分三批购回鳅苗投放，每亩平均投放鳅苗300千克，鳅苗规格400尾/千克，下田前用0.5毫升/升的高锰酸钾消毒15分钟。4月上旬，在稻田中放置捆扎好的竹排，竹排放置面积约占稻田水面的40%。结果50亩稻田里取得了亩产泥鳅1 692.3千克、空心菜10 000千克的良好效果。

（三）效益分析

1.鳅-菜互促互利净化水质

空心菜根系发达，能充分吸收养殖水体中的氮、磷、钾等营养元素，降低氨氮等有害物质的含量，净化水质效果十分显著。山东省梁山县进行鳅-菜试验认为，大鳞副泥鳅仔稚鱼培育水体设置生态浮床，通过对水环境中微生物、藻类、浮游动物及理化因子的综合作用，能优化养殖生态系统的结构和功能，维持大鳞副泥鳅仔稚鱼生存环境的稳定，提供适口饵料，抑制有害菌群，使气泡病发生率与对照池相比下降约20%；山东省淡水渔业研究院对大鳞副泥鳅养殖池浮床覆盖面积进行试验，认为空心菜面积15%时对氨氮、亚硝酸盐降解效果较好。

鳅-菜模式降低了水质处理成本，病害发生情况少，用药成本下降，泥鳅饲料利用率高。空心菜的种植还可减轻养殖户的经济压力，养殖户可以边养殖泥鳅边出售空心菜，获得一些经济补偿。

2.空心菜遮阳降温

一般泥鳅池都很浅，夏天的时候，水温升高，持续高温可能对泥鳅的生长造成不良影响，产生厌食情况。空心菜生长茂盛，为泥鳅提供阴凉环境，泥鳅浮床上的空心菜达到一定面积，夏季客观上能够降低鳅池水温，更好地生长。湖南省湘阴县试验认为，空心菜吸引昆虫，并且这些昆虫又是泥鳅的天然活性饵料，对泥鳅的生长更加有益，能够节省10% ~ 20%的饲料。

3.减轻鸟害

泥鳅体表光滑，水鸟喜食，主养泥鳅时鸟类的危害严重，鸟害一直是养殖户头痛的事，纷纷投资安置防鸟网。鸟类除直接捕食泥鳅外，被啄伤的泥鳅还会引发病害，造成损失。鳅池中种空心菜，为泥鳅形成了一个安全的保护伞，减少了鸟类的危害，提高了泥鳅的成活率。四川简阳市民房合作社鳅池空心菜的种植面积达到了40%，空心菜收获量提高，减轻了鸟类危害，泥鳅亩产2 000千克、空心菜亩产约4 000千克。

六、泥鳅-莲藕种养技术

莲藕的种植在我国十分普遍，在湖北、湖南、浙江、江苏、安徽等地都有大面积种植，随着种植面积的不断扩大，莲藕的市场价格也有较大的波动，为降低成本提高效益，各地也展开了多种探索，如在藕田套养泥鳅、牛蛙、甲鱼等；安徽省蚌埠市安徽润天农业发展有限公司利用靠近蚌埠市八大集种猪场的便利条件，近年来开展猪粪-莲藕-泥鳅生态种养高效循环利用模式研究，取得了显著效果，为大型养猪场的粪便综合利用提供了参考，如2011年，发展种养池塘5口，总面积500亩，循环利用了该猪场约一半的排泄干粪，每亩莲藕-泥鳅田年可处理发酵猪粪3 000 ～ 4 500千克。

猪粪-莲藕-泥鳅综合种养模式，就是利用生态学“互促互利”原理，促进生态种养的良性循环，藕田里投放的猪粪等解决了养猪场的排泄物难以处理的问题，也为莲藕提供了有机肥料，产生的底栖生物可作为泥鳅饵料，莲叶遮阳避免夏季水温过高，为泥鳅生长提供了良好的环境；泥鳅有特殊的生物学习性，耐低氧、杂食性，能松动泥土，提高土壤的通透性，作为池底“清道夫”改善底质环境，摄食水生昆虫，促进莲藕生长，其粪便可作为莲藕肥料，营造出一个良好的生态系统，使莲藕的病害发生率均显著下降，减少农药用量，甚至不使用农药。泥鳅-莲藕系统生态位互补，有效提高了土地产出率和经济效益，是生态、高效的生产模式。技术工艺路线见图35。

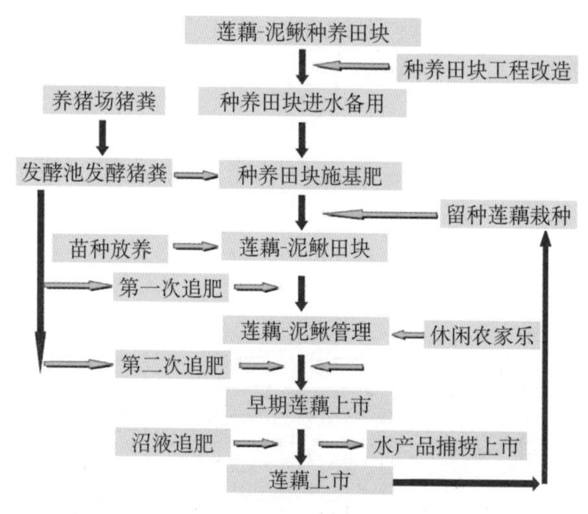

图35　猪粪-莲藕-泥鳅技术工艺路线

（一）技术与方法

1.莲藕品种选择

在华东（如山东）等地区，藕的品种也有所差异，主要以适宜本地的地方品种为主，同时，引进选育的新品种。考虑到规模经营，藕的品种注意依据市场变化，搭配早、中、晚熟品种，分期上市。国外引进的品种有南斯拉夫雪莲藕、泰国花奇莲。总体而言，南方的云南、广东、广西以及华东各省气候条件适应性广，可种植早、中、晚熟品种，北方区域气温低，适宜种植中、晚熟品种。

（1）早熟品种。

鄂莲1号：由上海地方品种系选而成，极早熟，皮色黄白。长江流域4月上旬定植，7月上旬每亩可收青荷藕1 000千克，9—10月后可收老熟藕2 000 ~ 2 500千克。

安徽飘花藕：安徽省合肥市地方品种。早熟，主藕4 ~ 6节，藕较粗，无花，宜浅水田栽培，亩产2 000 ~ 2 500千克，质嫩脆无渣，生食、炒食、煨汤均佳（图36）。

图36　安徽飘花藕

福建白花藕：为优良的地方莲藕品种，早熟，一般产量每亩1 250千克，最高可达2 250千克。

湖州早白荷：又称双渎雪藕，浙江省湖州的著名特产之一。荷花白色，一般4月上旬播种，8月上旬采收嫩藕，生育期110天左右，亩产藕1 250 ~ 1 500千克，采用育苗栽培。适当增施肥料可提前到7月下旬采收。7月下旬采收的嫩藕色白如玉，晶莹无瑕，爽嫩味甘，为生食佳品。

（2）中熟品种。

鄂莲4号：1993年通过审定，中熟。长江中下游地区于4月上旬定植，7月中下旬收青荷藕，皮淡黄白色。每亩产750 ~ 1 000千克，9月可开始收老熟藕，亩产2 500千克左右。生食较甜，煨汤较粉，亦宜炒食（图37）。

图37　鄂莲4号

武植2号：自慢荷品种单株系选而成，中熟，适合浅水栽植，130天可收获，藕肉质细，品质良，煨食风味好。产量高，每亩可达2 500千克以上。

巨无霸：杂交选育而成的早中熟品种。花白色，长江中下游地区于3月上旬定植，7月上旬可收青荷藕，亩产1 000千克，8月中下旬收枯荷藕，每亩产2 500 ～ 3 000千克，且可留地储存持续采收至翌年4—5月。煨汤易粉，凉拌、炒食味甜。

（3）晚熟品种。

鄂莲2号：从绍兴田藕实生苗中选育而成，中晚熟，长江流域4月上旬定植，8月下旬开始采收，10月采收老熟藕，每亩产量2 000 ～ 2 500千克。清炒、煨煮皆宜，易粉，汤色白，味甜。

应城白莲：晚熟品种，生育期220天，较耐深水，抗逆性较好，花单瓣，白色。主藕4 ～ 5节，表皮白色，皮孔中。横断面近圆形，单支整藕重2 ～ 3千克，亩产1 300 ～ 1 500千克。

00-26：晚熟品种，区别其他所有菜用藕的显著标志是叶面无乳头状突起，因此手感特别光滑。田栽9月上中旬成熟，9月下旬至翌年4月收获，主藕5 ～ 6节，入泥深30 ～ 35厘米，单支重2.5 ～ 3千克，表皮白色，宜炒食、凉拌。亩产2 500千克左右。

（4）莲子品种。

太空莲3号：1994年7月由返回式卫星搭载，经筛选培育而成的莲子新品种。福建龙岩等地种植较多，每亩产量75千克左右，产值达8 000多元，且有继续扩大之趋势，发展潜力很大（图38）。

湘白莲84-1：以湘白莲09为母本，建莲03为父本杂交而成的新品种适应性强，1991年8月通过省级专家组鉴定。百粒重较大，多年平均百粒重152.0克，大的达202克，一般亩产120 ~ 150千克。既适宜于水稻田种植，也适宜于浅水池塘和湖滩种植。耐肥、耐深水，抗风，无早衰现象（图39）。

图38　太空莲3号

图39　湘白莲84—1

太空莲36：1994年，将福建“建莲”莲子通过搭载返回式卫星诱变选育而成，性状稳定，产量高，品质优，现已在福建省建瓯莲子主产区大面积推广，其产量是传统品种的2～3倍，亩产120～150千克(图40)。

图40　望江县万亩莲藕基地种植的太空莲36

2.泥鳅-莲藕种养基地

莲藕在生长期间需要保持一定的水位，因此，规模化种养基地选择无污染、水源条件好、电力配套、交通便利、阳光充足、土质疏松肥沃、富含有机质、pH适宜、灌溉和排水都比较方便的水田，以圩区的低洼田、水稻田为佳。实施猪粪-莲藕-泥鳅综合种养循环模式，基地选择靠近具有一定规模的养猪场。

(1) 整地。对选择的田块进行清整，放养前夯实田埂，并加宽、加高、加固，田埂高出田面50～60厘米，要求保持水位30～40厘米，进出水口设置防逃网，一般使用聚乙烯网片拦好。面积一般50 ~ 200亩，以利于管理，如果打算在藕田放牛蛙的，需要在四周设置防逃网，网的高度1.2 ~ 1.5米，每隔20 ~ 30米立一水泥桩，用网片围成防逃墙，网目3厘米，每隔15 ~ 20米设置一诱虫灯，单灯功率5瓦，为蛙类增加饵料，设置密度约为4盏/亩（图41）。

图41 莲藕田蛙类防逃网

（2）开鳅沟。在田间开挖泥鳅沟，位置在田头和田间一侧或相对的两侧或四周开挖，田头沟宽为4 ~ 6米，深0.8 ~ 1米，田头沟和内沟相通，泥鳅内沟的开挖面积可占藕田面积的15%左右，开沟可提高泥鳅的产量。在田中开挖“十”字形鳅沟，沟宽2.5 ~ 3米，沟深0.6 ~ 1米，也可依据情况设置鳅坑，方便泥鳅活动摄食以及抓捕。

（3）施肥。对田块进行深翻，一般深耕30 ~ 35

厘米，在耕翻前要施足基肥。施基肥的方法依据区域、交通、劳力等情况有所不同。近年来，随着模式的改进，产量的提高，施基肥的方法依据区域、交通、劳力等情况有所不同。可使用专用肥，也提倡使用有机肥进行循环利用，其中猪粪-莲藕-泥鳅模式是特色循环模式。一般腐熟有机肥1 500 ~ 2 000千克/亩，施用生石灰50 ~ 100千克/亩，另增施复合肥50 ~ 80千克/亩，并耙平田块备用；施磷酸氢二铵30 ~ 40千克/亩，硫酸钾15 ~ 20千克/亩。

施经过发酵的猪粪，用量约600千克/亩，要求猪粪来自规模化养殖场，以投喂饲料的猪粪为佳，不使用“泔水猪”粪，养猪场有沼气等发酵系统的直接使用无害化处理的猪粪，也可将猪粪运到田头发酵池进行发酵后使用。每500亩面积大约配套建设两个面积各为2 000米^{2}的发酵池，池深1.5米。

3.莲藕种植

(1) 莲藕（地下茎）种植。莲藕的种植在浙江、安徽、江西、湖北、湖南、广东、广西、山东、河北等区域，由于地理分布和气候等差异，在品种选择、种植时间上会有所不同，南方区域如云南、广东、广西由于气温较高，种植时间早，发展早熟品种条件好，但管理的原则主要有以下几个方面。

种植时间：在春季气温上升到12 ~ 15℃，10厘米深处地温在12℃以上时开始栽植为好。过早栽植，气温、地温均较低，种藕易烂；过迟栽植藕芽较长，易折断损伤，对新环境的适应能力差，生长期也短。因此，必须适时栽植，南方春分开始种植，在谷雨前种完为好。晚熟品种种植时间晚些，4月中旬挖取种藕，随挖、随选、随插。北方区域适当推迟。重庆当土壤温度升至8℃以上时就可开始栽种，重庆地区早熟栽培适宜栽植期为3月上中旬，中晚熟栽培为3月下旬至4月中旬。河南藕莲一般在春季气温上升到15℃以上，地温在12℃以上时开始栽植。陕西根据近几年实践，推广鄂莲4号、鄂莲5号等优质高产新品种，4月上旬后依据气候进行种植，种藕要求适当带泥、无损伤、不带病，随挖随栽、保持新鲜，种芽无碰伤。也有的区域为使春藕早生快长，提早成熟，先催芽后种植。方法是：将种藕置于温室或塑料棚内，下铺上盖稻草。温度保持在20～25℃，每天洒水1～2次，20天左右，芽长10～15厘米即可栽植。

种藕处理：种藕要求有完整的顶芽和须根，色泽鲜艳，表皮光滑、无病、无伤、健壮等。种藕一般是随挖、随选、随栽，当天栽不完的应洒水覆盖保湿，以防芽头失水枯萎。从外地引种时，种藕应带适量泥土。本地挖取种藕，随挖、随选、随插，一般可以不采取消毒措施。外地引进藕种，种植前，种藕用70%甲基硫菌灵1 000倍液浸泡3～5分钟，捞起晾干后再定植。藕田在整地时，于栽植前2～3天，每亩用生石灰50千克拌土15千克撒入田中，耙匀以为藕田消毒；也可用50%的多菌灵加75%百菌清可湿性粉剂800倍液，喷雾种藕，此后用塑料薄膜覆盖，密封闷种24小时，晾干后即可播种。由于市场对莲藕品质的要求越来越高，药物的使用需要注意，以生产无公害莲藕为主要考量。

藕种种植：田藕的栽植密度因品种、种藕大小、环境条件等不同而不同，一般早熟品种比晚熟品种密；用小藕、子藕等栽植的，比用大藕、整支藕栽植的密；南北栽种不同，目前一般栽植行距为1.5～2米，株距为0.5～1米，用种量为200～350千克/亩。可按种藕的形状用手扒沟栽入，并以不漂浮为原则。一般采取斜植的方式，即藕头入泥深，最后节微翘出泥面，前后与地平面有20°～30°的倾斜角，这样可有效地防止地下茎抽出时露出泥外，且可使藕身接受阳光，提高自身温度，促进早发，如果土壤黏重，藕头栽植以后走茎伸长较为困难，则宜平植。将田边朝向田外的藕头转向田内，将田中藕头转向空白处。田间各行上的栽植点要相互错开，种藕的藕头相互对应。为避免藕田中心莲鞭过密，中心两行种藕间的距离应适当加大。最好由田中间向两边退步栽植，栽植随即抹平藕身上的覆泥和脚印。连片种植田块不需要调转藕头。单块田种植莲藕应调转藕头。

(2) 莲子种植。近年来，莲子的种植在推广太空莲系列，如太空1号、太空3号、太空36。由于太空莲3个品种现各有特点，在生产上可以根据不同需要进行相应的选择。如以产莲子为主要目的，可选择太空36、太空3号；以出售鲜花为主的，宜选择太空3号、太空1号，花色较艳丽；出售鲜莲蓬为主的，可选择太空1号、太空3号。

莲田选择和整理：参照莲藕田块整理，但瘠薄沙土田、常年冷浸田、锈水田不宜种植，尤其是临栽前要再耕耙一次。

挑选藕种：种藕的好坏直接影响莲子的产量，必须认真做好选种工作。在选择种藕时，要选上年单产高、未发生病害的留种田里的种藕，选择色泽好、藕身粗壮、节间短、无病斑、无损伤、顶芽完整，具有3个节以上的主藕和2节以上的子藕作种。

适时移栽：适时移栽是提高单产和保证采收质量的重要环节。过早移栽，土温低，栽后生长缓慢，藕身和顶芽容易受冻害；过迟移栽，生育期缩短，难以获高产，一般掌握在当地气温稳定在15℃以上，即清明至谷雨期间移栽为宜。

合理密植：增加密度花期和采摘期能明显提前，且荷梗增高，花蕾数增多，但莲蓬偏小，实粒数减少，结实率、百粒重略下降，产量也不是最高，同时，用种量增加，成本上升，管理上也带来不便。因此，种植密度掌握在莲子的整个生长过程中，能使地下茎走遍全田的空隙，以发挥其最大的光合效率即可。从各地试验观察分析，太空系列品种移栽后密度以每亩种植150支为宜，出售莲蓬可适当密植。

4.泥鳅苗种放养

莲藕田一般较肥，放养普通鱼类成活率低，泥鳅较耐低氧，放养成活率高，泥鳅主要有两种，本地泥鳅和台湾泥鳅。

（1）本地泥鳅放养。本地泥鳅肉质好、个体小，生长速度比台湾泥鳅慢，如放的鳅苗较小，当年达不到上市规格。对于已经开展了综合种养的藕田，放养时间可提前到11—12月，来源为自繁培育的1龄泥鳅种，规格为400 ~ 600尾/千克，放养量约25千克/亩。也可选择4—5月放养，选择体质健壮、活力好，规格5 ~ 6厘米的鳅苗，鳅苗入田前，用3% ~ 4%的食盐水浸洗5 ~ 7分钟。早、晚放鳅，为早上市，可提高放养规格，投放规格为300 ~ 400尾/千克的鳅种，密度为30 ~ 60千克/亩。原则上，不投喂饲料的藕田放养密度低，如投喂饲料，放养密度可提高。

（2）台湾泥鳅放养。可以放养1龄大规格鳅种，一般要求每亩放养体长5厘米以上的苗种，放养密度一般为每亩8 000 ~ 10 000尾，如投喂饲料可适当提高放养密度。目前，台湾泥鳅的秋季繁殖发展较快，养殖过冬的秋繁苗效果较好，当年可以达到上市规格，甚至可以在夏季上市，由于错峰上市，一般售价较高。如果加大放养密度，加大投喂力度，亩产可能达到250 ~ 300千克。

5.莲田管理

（1）莲藕田管理。

水位控制：栽种初期为提高地温、加速成活、促进发芽，田中水位可在3～5厘米，浮叶出现后保持在6～7厘米，2～3片立叶时升至10厘米。以后随着气温的上升，莲藕植株的长高，逐渐加深至20厘米，最深30厘米左右。生长期间要注意防涝，避免田水淹没立叶。否则，即使水在1～2天内退去，也会造成莲藕的减产，如淹没时间较长，则会导致植株的死亡。所以，汛期要注意及时排水。此外还要注意防强风，莲藕的叶柄和花梗较细脆，叶片较大，最易招风折断，强风来时，可适当加深水位，以保护荷叶、花梗等。

合理追肥：莲藕生长需肥量大，除施足基肥外，生长期间需适时进行追肥。大规模的集中施肥3次，其他时间依据情况少量追肥。第一次追肥：当莲藕发芽，长出第二片叶，即前叶长出时及时追肥，使用经过发酵的猪粪，用量900千克/亩，有利于莲藕生长。第二次追肥：藕开花前进行第二次追肥：使用经过发酵的猪粪，每亩用量1 500千克。水质较淡，泥鳅饵料不充分时，可以视情况追施猪粪经过沼气池发酵后产生的沼液，每亩每次用量200～300千克。

如果不使用有机肥，也可以使用复合肥和专用肥等，第一次在出现1～2片立叶时进行，施复合肥

(15-15-15) 15千克/亩，以促进立叶生长；第二次在荷叶封行前进行，施尿素15千克/亩，第三次在终止叶出现时，施用复合肥20千克/亩，缺钾土壤还应施适量钾肥，再加入硫酸钾10～15千克/亩。施追肥时，要选择晴朗无风的天气，避免在烈日的中午进行。施肥前应放掉部分田水，保持浅水层肥料渗入土中后再注入至原来水位。生石灰也是藕的肥料，施入后不仅能调节水的酸碱度和使过于松软的沤泥变得坚实一些，有利于莲藕、泥鳅的生长，而且还能预防藕病虫害发生。施生石灰的适宜时间是在莲藕长出2片立叶时，施生石灰的时间应与施氮、磷肥的时间相隔15天左右为宜。

(2) 莲子田管理。

水位管理：栽后的生长初期，保持3～6厘米浅水，进入花果期水深10～12厘米，盛夏高温季节，可保持水深在20厘米以上，混养泥鳅的田块应适当保持合适水位。

施肥管理：太空莲生育期长，耗肥量大，根系吸肥能力较弱，施肥原则应掌握施足有机肥，增施磷、钾肥，少量多次施追肥。根据福建建宁进行的一次性追肥法和多次分期追肥法的对比试验结果，在施肥总量相同的情况下采用多次分期追肥法莲荷生长稳健、平衡，无脱肥、缺肥现象，盛花期、采摘期明显延长，而且莲蓬实粒数、结实率、百粒重均比一次性追肥法增加，亩产增加15%～20%；而一次性追肥，前期生长过旺，后期明显脱肥、早衰，盛花期、采摘期提前10天结束，产量明显较低。考虑到莲子种植可能结合旅游观光，对环境要求高，建议使用无机肥结合沼液。

太空莲大田每亩追施尿素40千克、氯化钾30千克、硼砂25千克左右，施肥掌握“苗肥轻、花肥重、子肥全”的原则分期多次施用。成苗期结合第一次耘田追施苗肥，亩用尿素5千克，氯化钾3千克，点施莲苗周围，或用复合肥15千克点施。近年来，使用优质复合肥的比例增加。安徽铜陵四合养殖公司，将鱼肥用于莲蓬-泥鳅养殖模式田，也取得了良好的效果。

当莲鞭长出5 ～ 6片叶时，去除种藕增加莲田有效面积；藕田封行时，摘除浮叶和枯黄的无花立叶；为了通风透光，减少养分消耗，提高结实率；在生长盛期，要摘除无花立叶。采摘莲蓬时，摘除同一节上的荷叶；立叶走向田埂1米左右时，应及时于晴天午后转藕头，使其指向田内。

（3）病害防治。危害莲藕的虫害主要有食根金花虫、金龟子、莲斜纹夜蛾、莲蚜等；主要病害有腐败病、褐斑病、叶枯病。莲藕-泥鳅等综合种养模式的病害发生较轻，可减少用药或不用药，如用药选用高效低毒药品。安徽蚌埠润天集团在莲藕-泥鳅种养田块放养牛蛙，并安装诱虫灯对于控制虫害取得了较好的效果，也形成了新的莲藕-泥鳅-牛蛙模式，提升了经济效益。

6.泥鳅管理

泥鳅放养密度低的田块可不进行饲料投喂，放养密度大，建设标准高，设计泥鳅单产高的田块需要进行饲料投喂。

（1）投喂训食。泥鳅苗种放养后，需要进行驯食，现在多以投喂浮性颗粒饲料为主，应根据季节、水温、天气、水质、饲料种类、泥鳅的摄食情况等合理确定投喂量。一般定点、定时、定量投喂，多在鳅坑和鳅沟每天定点投喂2次，早晚各一次，最后一次多投一些。泥鳅的日投喂量一般为其体重的1.5%～3%。每次投喂量以投喂后1小时内吃完为度。泥鳅摄食强度和水温有关，正常的摄食水温为20～30℃，24～28℃时摄食旺盛，在养殖过程中，每天早、中、晚各坚持巡查藕田一次，观察泥鳅的采食及活动情况，根据泥鳅摄食情况、天气、水温等调整投喂量。

（2）水位管理。鉴于泥鳅的习性，田块需保持一定水位，一般田面保持30～50厘米，鳅沟水深可达120厘米。每天巡查泥鳅是否有浮头、伤病或死亡现象，发现有浮头的及时加水充氧，水质应尽量做到“肥、活、嫩、爽”，满足泥鳅生活、生长需要，若有死亡泥鳅及时捞出。特别是夏季，天气炎热，每天查看水温，暴雨季节注意水位上涨，及时排水，仔细检查进排水口和田埂是否有缺漏和坍塌现象，做好防逃检查，检查拦网及敌害情况，特别要注意鸟类及水蛇等对泥鳅的捕食。

（3）病害防治。泥鳅的抗病力较强，在低密度混养下病害发生较少，鉴于有机肥的使用，每月定期在田块使用生石灰水泼洒消毒，调节pH、补充钙等，生石灰用量每亩每次5 ~ 7.5千克。若发现有伤病的泥鳅，每月用聚维酮碘进行体表消毒。

（二）收获

1.莲藕收获

依据种植的品种及市场变化适时收获上市，其中早熟品种如安徽飘花藕、鄂莲1号、鄂莲6号、湖州早白荷、福建白花藕6—7月初开始上市；中熟品种鄂莲3号、鄂莲4号、鄂莲5号、巨无霸、浙湖1号7—8月开始上市；晚熟品种直至春季前后上市完毕，鄂莲2号、美人红、应城白莲、大紫红等8月下旬至10月采收。莲藕收获一般雇佣专业队伍挖藕。一般单产可达800 ~ 1 500千克/亩，早熟品种单产较低，但价格高。

2.莲蓬、莲子收获

当前，莲藕种植和旅游观光结合取得了良好的效果，7月后可结合观光采莲，也可集中采集上市，一般每亩可产莲蓬2 000 ~ 5 000个，莲蓬批发价每个1元，零售价每个2元；莲子成熟后收获、晾晒处理，莲子单产100 ~ 150千克/亩。

3.泥鳅收获

泥鳅捕捞主要有两种捕捞方式，地笼捕捞和地网捕捞。

（1）地笼捕捞。在鳅沟位置设置地笼网，选择网眼大小为1～1.5厘米的地笼，将泥鳅饵料放入笼内，每隔2～3小时取出地笼内的泥鳅，间隔时间和泥鳅密度有关，密度大，时间间隔不能太长，防治泥鳅窒息。

（2）地网捕捞。可采取诱捕方式，在鱼沟位置设置地网，将饵料投入地网中，待泥鳅聚群觅食时，将地网拉起进行捕捞；由于台湾泥鳅不喜钻泥，可缓慢降低水位，待其集中到鳅沟中后捕捞。泥鳅捕捞后集中到水泥池或网箱中暂养，根据行情上市销售泥鳅。

（三）典型案例

安徽润天农业发展有限公司利用靠近蚌埠市八大集种猪场的便利条件，近年来开展猪粪-莲藕-泥鳅生态种养高效循环利用模式研究，取得了显著效果。2011年，发展种养池塘5口，总面积500亩，循环利用了该猪场约一半的猪排泄干粪，年产藕851 000千克，收入306.36万元，平均每亩收入6 127.2元；共产泥鳅71 000千克，收入397.6万元，平均每亩收入7 952元；合计总收入703.96万元，平均每亩收入

14 079.2元，总成本283.5万元，总利润420.46万元，平均利润8 409.2元/亩，经济、社会、生态效益比较显著。在大型猪场周边配套建设猪粪-莲藕-泥鳅生态种养高效循环利用基地，可有效解决环境污染问题，减少运输成本，提高效益（图42）。

图42　安徽润天农业发展有限公司收获的莲藕

七、罗非鱼-菜种养技术

罗非鱼在海南、广东、广西等南方区域有较多的养殖，也是出口量较大的鱼类之一。如博罗为广东省传统池塘养殖大县，有池塘养殖面积近14万亩，其中六成以上为鱼-猪、鱼-鸭混养模式，给池塘养殖生态环境造成了很大的压力。因此，逐步探索和发展池塘渔-菜共生养殖技术，将会积极改善池塘养殖生态环境，并提高池塘产出和综合效益（图43）。

图43　罗非鱼

（一）技术与方法

1.池塘准备

（1）池塘条件。池塘水面面积6～10亩，水深2～2.5米，淤泥30厘米左右，塘底平坦，池内没有水草生长，塘内配备增氧机、自动投饵机。

（2）蔬菜浮床制作。蔬菜浮床制作参照“池塘草鱼-空心菜种养技术”，也有农户用废旧塑料瓶、铁丝网架和浮子简易制作而成。如经加工后的塑料瓶，插入铁丝网架中固定，并漂浮在水面。浮床间用绳索连接，并用绳索将浮床固定于池塘边缘，便于蔬菜采摘和池塘管理。浮床面积占池塘面积的10%～15%。

2.鱼种放养

以奥尼罗非鱼为主，放养规格为80尾/千克，放养密度为1 600～2 000尾/亩；另放养鲢、鳙各450～500尾，规格100～150克；鲫700尾左右，规格80尾/千克。

3.蔬菜种植

主要选择种植空心菜、台湾枸杞等，直接将菜苗植入浮床塑料瓶中，使其根系裸浸水中。

4.饲养管理

（1）饲料投喂。主要投喂罗非鱼膨化饲料，按鱼的体重计，日投喂量早期为3%～8%，中后期为2%～5%，每天分早、中、晚投喂3次，异常情况视天气、水质状况和鱼类情况适当调整。

（2）水质管理。定期加注新水，每次加注5～10厘米；每月用生石灰调水一次，每次每亩用量5～10千克。

（3）病害预防。做好放养时鱼种消毒工作；通过水培蔬菜及微生态制剂保持良好水质。微生态制剂每20天使用一次，从而达到预防疾病的目的，控制得当基本可以不生病害或少生病害，基本不用药。

（二）收获

空心菜一般每20天左右视生长情况收割一次；鱼的养殖时间6～8个月，达到规格后捕捞上市。

例如，广东省博罗县水产技术推广站试验罗非鱼-空心菜模式，经过7个半月的饲养，收获空心菜8茬共4 155千克，菜单产692.5千克/亩；收获养殖鱼类6 882.5千克，鱼单产1 147.25千克/亩，亩均利润为4 978元。

又如，云南富宁县渔业工作站试验花鳗鲡-罗非鱼-蕹菜模式，结果表明，不论是生物量、平均体重、特定生长率，还是增重率、存活率、饵料系数都相对优于其他组合。大大降低了饵料系数，提高了产出与投入比，提升了经济效益。且在花鳗鲡养殖经济效益萎靡的情况下，对花鳗鲡产业可持续健康发展具有积极的促进作用。

八、青虾-空心菜种养技术

青虾，学名日本沼虾，属于甲壳类，也称河虾、湖虾。青虾肉质细嫩、味道鲜美、营养丰富，蛋白质含量为18.42%，脂肪含量为1.3%，还含有丰富的钙、磷、铁和维生素等，深受市场欢迎。随着人民群众生活水平的日益提高，青虾需求量不断上升，青虾天然产量已远远不能满足市场需求，养殖规模不断扩大，市场价格一直居高不下，达到40 ～ 80元/千克，养殖青虾已经成为农民致富奔小康的重要方式。目前，我国青虾养殖总规模500多万亩，由于在长江中下游一带的消费市场颇受欢迎，因此养殖也主要集中在这一区域。据2017年《中国渔业年鉴》公布，2016年全国青虾养殖产量27.3万吨，其中江苏12.1万吨（占全国的44%）、安徽5.3万吨、湖北3.2万吨。芜湖县是安徽省的青虾主要产地，自1997年开展青虾养殖，到2016年，全县青虾主养、虾蟹混养面积近4万亩，青虾产量约3 000吨。主要采用双季青虾养殖模式。青虾的养殖单产不高，一般在100 ～ 150千克/亩，高产的200千克/亩以上。为提高效益，各地探索了青虾-河蟹混养模式、青虾-沙塘鳢混养模式。近年来，江苏等地开展了虾-菜生态养殖模式探索，青虾-水芹菜轮作模式等，甚至进行水稻-青虾生态养殖试验。

目前，各地的青虾养殖品种主要是本地湖泊、河流里选留的青虾，近年来国内也选育审定了青虾良种，如太湖1号、太湖2号（图44）。

图44　青　虾

太湖1号：太湖1号杂交青虾是中国水产科学研究院淡水渔业研究中心培育成的，父本为青虾和海南沼虾杂交种（经与青虾进行两代回交的后代），母本为太湖野生青虾。2008年通过全国水产原种和良种审定委员会第一次会议审定。资料显示，该品种在同等养殖条件下，比太湖青虾生长速度提高30%以上，单位产量提高25%左右。

太湖2号：该品种是以2009年中国水产科学研究院淡水渔业研究中心大浦科学试验基地繁育的1 300千克杂交青虾太湖1号（GS-02-002-2008）为基础群体，以生长速度为目标性状，采用群体选育技术，经连续6代选育而成。在相同养殖条件下，与杂交青虾太湖1号相比，体重平均提高17.2%。适宜在我国人工可控的淡水水体中养殖。

在青虾的养殖实践中发现，青虾在养殖中退化现象严重，审定的品种也有此现象，表现出生长速度下降、出现分化，应注意预防。2016年，安徽省水产研究所对青虾太湖1号、安徽南漪湖野生青虾、常规养殖青虾3个青虾群体的生产性能进行比较，结果表明，3个群体的青虾商品率、商品规格从大到小依次为太湖1号青虾群体、南漪湖野生群体、养殖群体；南漪湖野生青虾群体的平均育苗量达67千克/亩，分别比太湖1号青虾群体和养殖青虾群体高26.4%和3.1%；南漪湖野生青虾群体的平均利润达到2 844.9元/亩，分别较太湖1号青虾群体和养殖青虾群体高22.2%和34.6%；太湖1号青虾群体的增重率波动性较大，而南漪湖青虾群体的增重率无波动性。可见在良种供应不足等情况下，应注意在当地湖泊等水域选择适宜本地养殖的优良青虾群体。

（一）技术与方法

1.虾塘条件

（1）虾塘要求。青虾养殖池面积一般都不大，池塘多为长方形，面积为3 ～ 5亩，水深也不如其他类型的精养鱼塘深，面积一般每口3 ～ 5亩，水深1.2 ～ 1.6米，坡比1 ∶ 3，土质为壤土，水源无污染，每口池塘配备微孔增氧系统，功率1.5 ～ 2.2千瓦；进水口用60目尼龙筛绢网袋过滤进水，防止野鱼及鱼卵进入池中，排水口安装密眼网以防青虾外逃（图45）。

图45　安徽芜湖县青虾池

（2）池塘清整。清除过多淤泥，池底经阳光曝晒，放养前15 ~ 30天用生石灰消毒，用量75 ～ 100千克/亩，杀灭野杂鱼，改良池塘底质。虾塘也可采用茶籽饼清塘，用量1.5 ～ 4千克/亩。虾苗放养前7 ～ 10天，施用经过无害化发酵处理的鸡粪等有机肥培育饵料生物，用量100 ～ 150千克/亩。

（3）移植水草。在塘边浅水带沿四周种植轮叶黑藻、伊乐藻、苦草等水生植物，水草覆盖率占虾塘面积的20% ～ 30%。轮叶黑藻适合于夏秋两季虾塘种植，种植时，将芽苞或小节插于虾池底即可；苦草一般采用播撒种植；伊乐藻采用移栽的方式，要注意控制伊乐藻的种植面积。

（4）浮床空心菜种植。空心菜种植面积占浮床的8% ～ 15%。

2.青虾苗种放养

（1）传统放养模式。

春季虾苗放养：在2月放养，放养上年秋季繁殖越冬的虾苗，规格为840 ~ 900尾/千克，放养密度为12.5千克/亩（10 500 ~ 11 250尾/亩），如技术水平较高可适当增加放养密度，采取沿池边均匀撒放的方法（图46）。

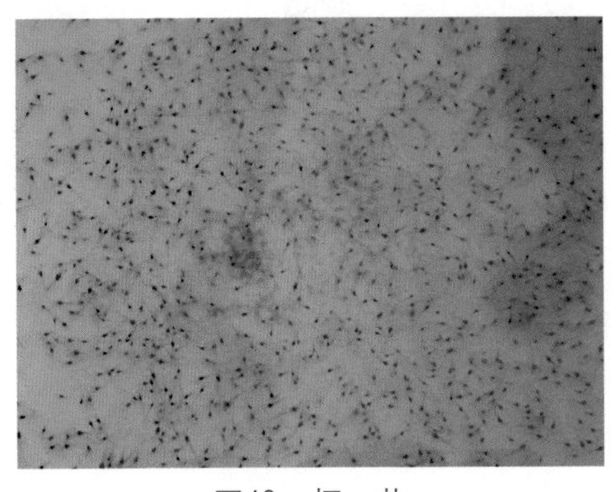

图46 虾 苗

秋季虾苗放养：适宜放养当年繁育的虾苗。7月开始放养，规格在7 000 ~ 8 000尾/千克（1.5 ~ 2厘米），放养量为10千克/亩（70 000 ~ 80 000尾/亩）。

虾苗下塘10 ~ 15天后，每亩搭养0.5 ~ 1千克/尾的花鲢、白鲢20尾左右，年底规格可长到2 ~ 3千克/尾。

（2）青虾-沙塘鳢混养模式。近年来，为提高效益，江苏、安徽、湖南等地开展了青虾塘混养沙塘鳢试验，取得了良好效果。沙塘鳢隶属于鲈形目沙塘鳢科，广泛分布于长江中下游及其支流，安徽地方名为呆子鱼。该鱼为淡水底栖小型肉食性鱼类，刺少、味鲜美，在上海世博会期间用来招待各国元首而名声大振，被誉为“世博第一菜”，价格达100 ~ 200元/千克（图47）。常用的青虾苗种放养方法有以下两种。

图47　沙塘鳢

苗种放养一：3—4月，每口池塘投放上年过冬培育的长1.5厘米左右的青虾苗，每亩投放5万 ~ 10万尾。6月初投放一批当年培育的长1.5 ~ 2.5厘米的沙塘鳢苗种，亩投放量600 ~ 800尾。安徽芜湖的双季青虾养殖，有的养殖户在7月放养3.5厘米的沙塘鳢苗种，密度为300 ~ 500尾/亩，年底收获沙塘鳢成鱼，单产约30千克/亩。

苗种放养二：5月上旬清塘，5月中旬放养，按5千克/亩投放青虾亲本进行繁苗。青虾亲本选择标准为四肢健全、活力强、体色透明。雌雄比例为1 ∶ 1。在5月21日，在池塘圈起的一角中，放养沙塘鳢水花。选择活力强、嫩老适中、游动活泼、逆水性强的水花。放养密度500 ~ 700尾/亩，至6月，池塘中即有青虾的溞状幼体孵出，水色不够肥时可用豆浆等喂养。经1个月的陆续孵化并生长，在7月上旬即可持续得到大批量的沙塘鳢适口饵料。前期放入池塘一角的沙塘鳢水花，则采用蛋黄或从外塘捞取的枝角类进行投喂。待青虾的溞状幼体孵出时，即撤去围网。也可在6月底至7月上旬直接投放规格3 ~ 3.5厘米的沙塘鳢苗种（图48、图49）。

图48　安徽省无为县沙塘鳢苗种捕捞

图49　安徽省无为县沙塘鳢苗种出售

3.饲养管理

（1）饲料投喂。3月水温回升后开始投喂，先在浅水区进行投喂试验，投喂商品虾饲料，蛋白质含量在40% ~ 42%。观察虾正常摄食后，在8:00—10:00、16:00—18:00各投喂1次，其中8:00—10:00占日投量的1/3，16:00—18:00占日投量的2/3，日投量控制在虾体重的2% ~ 5%，应根据天气情况灵活掌握，原则上吃饱为好，投喂的饵料在1小时内吃完为宜。

（2）水质管理。春天温度回升后，水深可适当控制得浅一些，有利于提高池塘水温、加快生长，生长旺季，水温高，虾摄食量大，排泄物多，水质容易恶化，水深控制在1.5米左右，每4 ~ 6天加注新水一次，以补充蒸发，改善水质。保持溶解氧充足，防止缺氧，合理使用增氧机，晴天中午开机1 ~ 2小时，傍晚下雷雨、阴雨天全天开机。7—9月高温季节水质容易恶化，需要配合使用微生态制剂以调节水质。

（3）病害防治。坚持“防重于治”的原则。治虫时，阿维菌素、伊维菌素交替使用，上半年发现虾红鳃病，用碘制剂进行消毒，养殖中也可使用二氧化氯全池泼洒。

（二）收获

不同模式在相应的时间节点捕捞上市，一般春季放养青虾采用地笼捕捞；秋冬季捕捞使用虾拖网捕捞，最后可干塘（图50、图51）。

图50　成品青虾

图51　拖网捕虾

空心菜的管理收获依据生长情况适时收割上市。沙塘鳢捕捞采用地笼捕捞，可暂养后销售（图52、图53）。

图52　安徽省无为县沙塘鳢捕捞

图53　安徽巢湖市捕捞沙塘鳢

（三）效益分析

青虾是水产品中市场价格一直较为稳定的品种，有着良好的养殖前景，虾池和其他精养鱼池比，深度一般要求不高，改造成本低，养殖成本也不高，安徽芜湖一般每亩3 500 ～ 5 000元。夏季高温季节虾池水浅，水温容易快速升高影响青虾生长，空心菜浮床的设置有吸收氮、磷，净化水质的功能，还能遮蔽阳光，有利于青虾生长。安徽芜湖双季青虾一般合计亩产100 ～ 150千克，高产的能达到200千克。青虾池混养沙塘鳢的亩产在8 ～ 15千克。

九、青虾-水芹菜种养技术

在水芹菜塘养青虾，就是全年种一季水芹菜和放养一季青虾，在不影响芹菜产量的前提下，充分利用塘内的饵料生物，增加青虾产量，提高池塘经济效益。江苏常州市利用季节差，于青虾生长的非高峰期(9月至翌年2月）在虾池里进行水芹菜种植；在青虾生长的高峰期进行青虾养殖和种芹培育（3—8月），利用生态位不同以及水芹菜和青虾互利共生的特点，充分挖掘池塘生产潜力，有效提高单位面积产出率。江苏通州区的技术是利用水芹菜田8月之前空闲季节养殖青虾，8月至翌年2月种植水芹菜的一种种养结合生产模式。

（一）技术与方法

1.水芹菜的种植

(1) 整地与施肥。排干田水，每亩施入腐熟有机肥1 500 ~ 2 000千克，耕翻土壤，耕深10 ~ 15厘米，旋耕碎土，精耙细平，使田面光、平、湿润，也可适当使用优质复合肥。

如果是养殖青虾的池塘，等7月底青虾捕捞完毕后，一般8月下旬开始排出池塘水进行整塘和施肥。由于经过一季青虾养殖，池底土质比较松软，不用像常规芹菜种植那样深翻土，节省了大量劳力。同时，池底青虾排泄物、饲料残留等有机质沉积物较多，更加有利于秋栽水芹菜的生长。一般在整塘时每亩再用尿素20千克、优质复合肥50千克均匀施入塘内耙平即可。

（2）催芽。

催芽时间：一般确定在排种前15天进行，江苏地区于8月上旬，当日均气温降至27 ～ 28℃时开始。

种株准备：从留种田中将母茎连根拔起，理齐茎部，除去杂物，用稻草捆成直径为12 ～ 15厘米的小束，剪除无芽或只有细小腋芽的顶梢。

堆放：将捆好的母茎交叉堆放于接近水源的阴凉处，堆底先垫一层稻草或用硬质材料架空，通常垫高10厘米，堆高和直径不超过2米，堆顶盖稻草。

湿度管理：每天早、晚洒浇凉水1次，降温保湿，保持堆内温度20 ～ 25℃，促进母茎各节叶腋中休眠芽萌发。每隔5 ～ 7天，于上午凉爽时翻堆1次，洗去烂叶残屑，并使受温均匀。种株80%以上腋芽萌发长度为1 ～ 2厘米时，即可排种。

（3）排种。排种时间本地区一般在8月中旬至9月，月平均气温降至25℃，选择阴天或晴天16:00时后进行。一般间距10厘米种一根水芹菜，不要太密，一般每亩催芽的芹菜150千克左右。约过20天，芹菜长至10 ～ 15厘米就要移栽。

（4）芹菜塘的田间管理。芹菜苗栽后15 ～ 20天活棵后，要让其自动落干，落干的标准和水稻短期烤田一样，然后再灌水，加施促苗肥，每亩用15千克尿素；根据芹苗生长情况确定加水的深度，一般芹菜在水面上长到15厘米左右时就灌水，灌到芹菜只露一个尖，再让其生长，慢慢加灌。一般前期浅水、中期控水、后期大水。

（5）病虫害防治。水芹菜的病虫害主要有斑枯病以及蚜虫、飞虱、斜纹夜蛾等。采用搁田、匀苗、氮磷钾配合施肥等，能有效地预防斑枯病；采用灌水漫虫法除蚜，即灌深水到全部植株没顶，用竹竿将漂浮水面的蚜虫及杂草向出水口围赶，清出田外，整个灌、排水过程在3 ～ 4小时内完成。同时，根据查测病虫害发生情况，选用药物，采用喷雾方法进行防治。

2.青虾池改造与放养

（1）池塘条件。

虾池（即水芹菜田）改造：原来种植水芹菜田，四周开挖环沟和中央沟，沟宽、深均为1 ～ 2米，开挖的泥土用以加固池（田）埂，池埂高1.5米，压实夯牢，不渗不漏。进排水分开，进排水口用铁丝、聚乙烯双层密眼网扎牢封好，以防虾苗逃逸和敌害生物侵入。虾池池底平坦，淤泥小于15厘米。同时，配备水泵、增氧机等机械设备，每5亩水面配备1.5千瓦的增氧机。

其他虾池：一般每口虾池3 ~ 5亩，水深1.5米，机械配套，坡比1 ：（3 ~ 4）为宜。要求水源充足，水质清洁无污染，pH 7.0 ~ 8.5，排灌方便，进排水口用铁丝、聚乙烯双层密眼网扎牢封好，以防虾苗逃逸和敌害生物侵入。

彻底清塘：提前15天用生石灰、茶饼等按照传统方法清塘。

（2）种植水草。在池塘四周栽种水草带，供青虾栖息、隐蔽和提供天然饵料。水草品种可选择苦草、轮叶黑藻、马来眼子菜、水花生等。由于前期种植了水芹菜，所以可以留种进行浮床移植。

（3）青虾放养。也可进行水芹菜浮床栽植，完毕后进行青虾放养，选用生长速度快、规格大、产量高、抗病力强的太湖1号、太湖2号青虾或本地青虾。每亩池塘放养规格1 800 ~ 3 000尾/千克的虾苗12 ~ 15千克，3万 ~ 5万尾/亩。放养时选择晴好天气。放养时运输箱内水温与池塘水温温差应小于5℃。虾苗放养时坚持带水操作，动作轻快，虾苗不宜在容器中堆压。

3.青虾养殖管理

（1）投喂饲料。饲料要求使用优质全价配合饲料，每年3月初水温达到10℃以上时开始投喂。投喂方法如下：虾苗规格2.5厘米以内，投喂粉状或微颗粒饲料，可投喂蛋白质含量在36%以上的青虾或南美白对虾0号、1号料。虾苗规格2.5 ~ 4厘米时，可投喂蛋白质含量在34%的青虾2号料。当规格达到4厘米以上时改投蛋白质含量在34%的3号成虾料。平时在青虾饲料中添加复合维生素、甜菜碱、β 葡聚糖等投喂，可明显增强青虾免疫抵抗能力。

（2）投喂次数。一般0号、1号料日投3次，7:00—8:00、16:00—17:00、21:00—22:00各一次，投喂比例分别为全天投喂量的30%、40%、30%；2号、3号料日投2次，8:00—9:00、17:00—18:00各一次，投喂比例分别为全天投喂量的35%、65%。投饲量前期控制在全池虾重的6% ~ 10%，养殖中后期控制在3% ~ 6%。投喂时饲料尽可能全池均匀泼洒。另外投饲量还需根据“四定”原则灵活掌握，一般以投食后2小时内吃完为度。

4.水质管理

（1）合理增氧。一般每亩水面设置0.5千瓦以上动力增氧设备，以微孔增氧为佳，青虾不耐低氧，应重视增氧机械使用，一般晴天下午开机1小时，每天后半夜至天亮开机，天气闷热或雷雨天气容易发生缺氧现象，需全天开启增氧机或进行充水增氧。多次试验证明，在高溶氧环境下青虾生长速度要比不使用增氧机的环境快15%以上。

（2）加水、调水。在青虾饲养期间，每隔2周左右适量注换新鲜水，加水量一次3 ~ 5厘米，防止水温变化幅度太大对青虾造成应激反应。同时每隔15

天交替使用有益微生物制剂，如EM菌、芽孢杆菌等，水体透明度保持在20 ~ 28厘米，氨氮含量控制在0.3毫克/升，亚硝酸盐含量控制在0.03毫克/升以下。另外，还需每隔20 ~ 25天使用一次生石灰调水，每次每亩8 ~ 10千克，化浆后全池均匀泼洒，可以同时起到调节pH、补充水中钙质以及杀菌消毒的作用。

（3）水草种植和管理。水草的管理对青虾高产影响较大，对于种植了伊乐藻的虾池，要防止高温烂草败坏水质。浮床种植水芹菜的虾池，应注意控制沉水植物和浮床面积比例，可以使青虾养殖池塘更好地保持水质，更加有利于创造适宜青虾快速生长的环境。

（二）收获

1.青虾收获

商品青虾从5月初开始采用纱网和地笼网陆续起捕上市，捕大留小，多次捕捞，至7月中下旬收获完毕，8月中下旬再干塘收获一茬幼虾。捕捞时也需避开青虾蜕壳高峰期，减少软壳虾的损失。

2.水芹菜收获

水芹菜栽植后80 ~ 90天即可陆续采收，芹菜收获时间最早在12月，直至翌年1—2月，采收时将植株连根拔起，鲜菜装运上市，一般平均亩产达5 000千克左右，平均每亩成本3 000多元。

（三）效益分析

青虾-水芹菜模式适合在对水芹菜需求量大的江西、浙江、安徽地区实施，生态种养模式特点突出，虾池水质条件得到改善，生态效益显著，经济效益也有所提升，但水芹菜种植劳动工作量明显加大。

例如，江苏常州市武进采用青虾-水芹菜模式，可达到亩产商品青虾40～45千克，规格5 000～7 000尾/千克的幼虾8～10千克，水芹菜10 000千克左右，实现亩产值30 000元以上，效益远高出单养青虾和单种芹菜。

又如，江苏通州区青虾-水芹菜模式试验，面积560亩，青虾养殖平均亩产达59千克，水芹菜种植平均亩产达5 016千克。

十、龙虾-莲藕种养技术

近年来，安徽等省莲藕种植面积快速增长，藕的价格有所下跌，加之挖藕采收劳动工作量大，成本高，有的藕田甚至放弃采收，给经营者造成一定损失。莲藕田套养龙虾，龙虾可松土，清除杂草，提高藕田利用率，同时，可开展乡村休闲旅游，钓龙虾、吃龙虾。安徽的蒙城、望江等地也开展了莲藕-龙虾结合旅游的模式，发达的江浙地区发展更为迅速（图54、图55）。

图54　安徽蒙城龙虾-莲藕基地

图55　龙虾-莲藕基地

（一）技术与方法

1.莲藕池改造

在莲藕池套养龙虾，考虑到龙虾的生物学习性应对莲藕田进行适当改造，在技术上做到以下几个方面。

（1）配合旅游改造工程。如考虑到观赏荷花、采莲蓬等旅游需要，要求开可循环的环沟，沟宽10～15米，可供游船自由出入，沟深1.2～2米，在沟里适当种植水草供龙虾栖息、摄食。

（2）一般改造工程。选择秋冬或初春，开挖虾沟，改变荷叶铺天盖地的现状，有利于龙虾的饵料投喂、生长和捕捞。依据田块的具体情况，开“田”字形、“十”字形沟，在田头开宽度5～10米、深1.2～1.5米的沟，其他地方依具体情况开宽3～5米、深1.0 ~ 1.2米的沟，开沟的土用于加高、加宽田埂，坡比1 ∶ 2.5，可留出一个平台，方便捕捞。秋冬季节在沟内种植金鱼藻、轮叶黑藻等，构建生态环境。四周用塑料膜或钙塑板建防逃墙，在藕田的进水口与排水口安装防逃设施，防止小龙虾逃逸。

2.龙虾放养

如果莲藕田原来没有养过龙虾，放养龙虾可依据田块改造情况分别放养，龙虾亲本放养，一般夏秋季放养，时间一般在7—9月，放养密度20 ~ 25千克/亩，规格25 ~ 35克。

春季放养一般在3—4月开始，放龙虾苗种密度15 ~ 25千克/亩，规格160 ~ 200只/千克；尽量选择就近购买虾苗，缩短运输时间，龙虾有应激反应的生物学习性，特别是高温季节长距离运输应激反应强烈，死亡率高。

3.投喂管理

坚持早、晚巡塘，观察龙虾活动情况。在每年的3月，水温上升后开始投喂高质量龙虾专用饲料，蛋白质含量28% ~ 30%，主要在虾沟及附近投喂，逐步形成点投喂的习惯，原则上吃饱，有利于观察和捕捞，夏季高温季节依据实际情况进行调整。秋冬发现龙虾出苗后，应沿四周投喂饲料，以提高虾苗成活率。夏季高温天气注意补水，防止莲藕田水质恶化，虾沟种植的水生植物要加强管理，伊乐藻高温会腐烂，如果种植后生长过多要割茬，腐烂后要及时捞出，并配合使用底改素；7—9月开始补充野生龙虾苗种或其他田块来源的苗种，防止种质退化。鉴于藕田放养了龙虾，尽可能避免使用农药，特别是有机磷、菊酯类农药，以免造成龙虾中毒死亡损失。

（二）收获

1.龙虾捕捞

一般4月下旬开始捕捞，多使用地笼捕捞，4—5月大强度捕捞，能捕捞多少捕捞多少，特别是捕捞大规格的龙虾，5月后由于气温上升，病害容易发生，多引起大规格龙虾死亡，夏秋季捕捞依据情况调整(图56)。

图56　龙虾捕捞

2.莲藕收获

参照“泥鳅-莲藕种养技术”。

十一、龙虾-茭白种养技术

茭白是华东地区广泛种植的水生蔬菜，有着良好的市场前景，为提高经济效益，安徽、江浙地区将龙虾引进茭白田进行综合种养。安徽望江华阳公社家庭农场2015年开展龙虾-茭白种养，效果良好，由于茭白田开沟的标准较高，产出的龙虾规格较大。

（一）技术与方法

1.种植单季或双季杭茭

种植方法参照“中华鳖-茭白种养技术”。安徽雇工栽种茭白1天80 ～ 100元。1人1天可以栽种3亩。

2.虾沟建设

一般沟宽2.5米，深60厘米；田头沟宽3米，深1 ～ 1.5米（图57）。

3.施基肥

种植茭白需要施足基肥，一般3月进行，可用经过发酵的鸡粪。鸡粪从养鸡场购买，大约每吨260元。

图57　安徽望江县茭白田开沟

4.龙虾放养

龙虾亲本放养在7—9月，放养量为25～40千克；幼虾的放养在3月下旬至4月下旬，放养规格200～260尾/千克，数量为30～40千克/亩，一般第一年较大，第二年由于龙虾自然繁殖，仅需要少量补充种苗。

5.饲料投喂

投喂龙虾专用配合饲料，投饵率3%～6%，按照天气情况调整，阴天少投喂，检查摄食情况，吃不完就减少投喂，不够则增加投喂。

（二）收获

龙虾达到上市规格后，用地笼捕捞上市（图58、图59）。

图58　安徽望江茭白田捕捞龙虾

图59　安徽望江茭白田龙虾

十二、鱼/龙虾-水芹菜种养技术

近年来，各种模式不断进行探索试验，如淮安市楚州区水产技术推广站开展了鱼/龙虾-水芹菜套养轮作试验，在此简单介绍。试验在淮安市水产养殖场进行，水面面积90亩，连续进行两年。

（一）技术与方法

1.鱼种放养

在每年2月底前结束，一般以肥水鱼为主，适当搭配吃食鱼类。亩放白鲢150～200尾，规格6～10尾/千克；花鲢50～70尾，规格5～8尾/千克；异育银鲫200～250尾，规格8～10尾/千克；鲤30～50尾，规格8～10尾/千克。

2.龙虾放养

采取两种方式：一种是在每年9月初成鱼起捕完后，水芹菜栽植前放养抱仔亲虾，每亩放养虾7.5千克或塘口留存成虾8千克左右。另一种是在每年3月中旬至4月底放养规格200～300尾/千克的幼虾7～8千克。

3.水芹菜栽植

在9月中旬进行水芹菜栽植，栽插前池底要整平，池塘四周要开挖周沟，中央开挖“井”字沟，有利于排水，一般沟深60厘米、宽50厘米。同时每亩施放有机肥500千克或尿素10～15千克。水芹菜采取无性繁殖的方式，割取母茎，利用母茎节间长枝能产生不定根的特性，易地栽培种植，每亩用种苗400千克，移植时田面保持无水状态，有利于菜苗扎根，约25天后逐渐加水，但要低于水芹菜的高度。

4.投饲及管理

龙虾为杂食性动物，实行以鱼为主的鱼-虾-菜套养的模式，龙虾产量不超过60千克，一般不需要专门投喂龙虾饲料，可正常进行成鱼养殖管理。每天坚持早、中、晚巡塘，注意观察鱼虾的摄食情况，水质变化和有无病害情况，并做记录，以便及时采取应对措施。定期施粪肥调节水的肥瘦，夏秋季节，在4—6月，每隔15～20天加注新水一次，7—9月每隔7～10天加注新水一次，每次加水15～20厘米，视水质情况灵活掌握。要定期泼洒生石灰，每亩水深1米泼洒15～20千克。

（二）收获

成鱼一般于8月底起捕完毕，并干池清整。龙虾以地笼方式捕捞，逐月捕大留小，8月底后水温开始下降，停止捕捞龙虾，留足种虾作来年繁苗亲本。

水芹菜收获一般于12月开始，2月底收割完毕，收割时池边适当留存部分。

十三、中华鳖-茭白种养技术

中华鳖属于爬行动物，是名贵水产品，经济价值很高。在中国民间，认为鳖能强身健体，有滋补功能，是补虚佳品。李时珍《本草纲目》介部四十五卷记载：鳖甲，气味咸，平，无毒，主治心腹瘀症，血瘀腰痛，清疮肿，治阴虚，梦泄，吐血不止。鳖肉：主伤中益气，补不足，去血淋，补虚，补阴，滋阴凉血。据《日用本草》记载，甲鱼能大补阴之不足。《随息居饮食谱》中称，甲鱼能滋肝肾之阴，清虚劳之热。所以，凡形体消瘦、平素怕热、口咽干燥、大便秘结、阴液亏虚、心烦失眠、阴虚火旺、面色潮红、午后低热的人，都可食用甲鱼。有利于肺结核、贫血等多种病患的恢复，并可用于防治因放疗、化疗引起的虚弱、贫血、白细胞减少。

现代营养学研究发现，甲鱼营养丰富，含蛋白质、脂肪、维生素和多种人体必需的微量元素。安徽农业大学分析了四个品系中华鳖的营养成分，粗蛋白含量为15.93% ~ 17.82%，肌肉蛋白质中共检测出16种氨基酸，其氨基酸总量（TAA）为66.74% ~ 77.88%，在16种氨基酸中，谷氨酸含量最高，为11.67% ~ 14.86%；鳖裙边胶原蛋白含量均为160.6 ~ 170.4毫克/克。

中华鳖在国内分布广泛，由于地理环境的差别，又形成了不同的种群，有长江水系鳖、淮河鳖、黄河鳖、台湾鳖等，上海海洋大学对不同种群鳖生长评价认为，黄河鳖、淮河鳖、太湖鳖生长速度良好。近年来，多用不同区域的种群进行杂交，杂交鳖养殖规模不断扩大，台湾鳖体色较黑，不适合在外塘养殖（图60至图63）。

图60　中华鳖幼鳖

图61　中华鳖成鳖

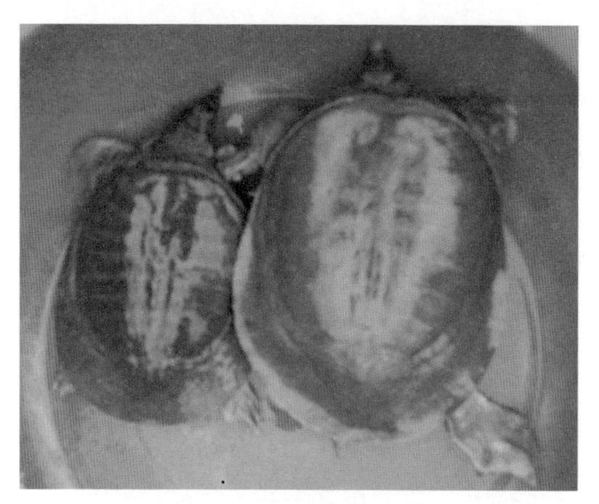

图62　淮河鳖背面观

图63　淮河鳖腹面观

资料显示，2013年，全国鳖产量34.3万吨，浙江省领跑全国，鳖产量154 512吨，占45.05%；湖北省鳖产量33 964吨，占9.9%；安徽省鳖产量24 195吨，占7.05%。随着百姓生活水平的提高，对鳖的品质要求提升，外塘鳖规模扩大，单产水平提高，池塘单产可达1 500 ～ 2 000千克/亩，高密度导致养鳖池水质恶化严重，养殖尾水处理的环保压力加大，探索生态养鳖势在必行。浙江、安徽、江苏、福建、湖南、江西等地开展了鳖-茭白、鳖-空心菜、鳖-空心菜/水芹菜、稻-鳖等生态种养模式试验推广，取得了良好的效果，在南方地区对于控制福寿螺蔓延有积极意义。

（一）技术与方法

1.茭白种植

茭白是我国特有的种植面积仅次于莲藕的第二大水生蔬菜，栽培范围较广，长江流域以南水泽地区栽培较多，浙江余姚市茭白面积达到5万亩。近年来，设施栽培、高山茭白、冷水灌溉等栽培技术和种植方式的使用，提早或延长了茭白采收期。安徽省安庆市高山茭白种植面积达5.55万亩。茭白田具有行间距宽、水位高，可利用水体大、时间长，天然饵料丰富、肥料足等优势，适合发展种养结合立体种植模式，比较适合开展中华鳖混养。

（1）茭白田整理。

加高加固田埂：所有套养田块的田埂都加高至50厘米，宽40厘米，坚实牢固，不垮不漏。

开挖养殖沟：茭白宽窄行栽植，在宽行中开挖宽1米、深0.5～0.8米的养殖沟，每亩2～3条。也可在田四周或中间挖蓄水沟，深0.3～0.5米、宽1米，呈“田”字形或“井”字形。

进、排水口安装防逃网：防逃网高70厘米，宽50厘米。安装时上端高出田埂20 ～ 30厘米，下端插入泥土15 ～ 20厘米，以防逃和敌害进入。防逃网用铁丝制作，网孔大小为5目，如果是大面积连片栽种可以不设防逃网（图64）。

图64　安徽望江茭白田

外围防逃设施的建设：选择高速公路用防护栏，下端30厘米埋入土中，上端高出地面70厘米，每隔1.5米用镀锌管加固最上部，用竹片、铁丝加固圈成整体防护栏。

施基肥：茭白栽植前每亩施腐熟鸡粪1 000千克。

（2）茭白栽植。茭白品种有双季茭、单季茭，如江浙地区种植的浙江河姆渡双季茭、浙大茭白双季茭、八月茭（单季茭）、小蜡台、金茭、丽茭1号等。福建地区种植早熟品种选用浙茭911、中熟品种选用浙茭2号、迟熟品种选用浙茭6号等。注意主要选用适合本地区种植的品种。

双季茭3月中旬前种植，按照行距0.95米，株距0.4米，每亩栽2 000株，以一个带根的老茎为一苗，如鳖的放养密度大可适当稀植，茭白栽植后保持浅水3 ～ 4厘米。

（3）茭白田间管理。茭白按常规生产方式进行管理，包括施肥、搁田、施药等。4月下旬视分蘖情况烤田一次后灌10 ～ 15厘米深水控制分蘖，孕茭期活水灌溉加深水位到20厘米，但不超过茭白眼，茭白收获后保持浅水3 ～ 4厘米；可适度施肥，茭白种植后经大田过滤注水30厘米左右，可用充分发酵腐熟鸡粪30千克/亩，培育生物饵料，使肥水有度、保持水质稳定。

2.中华鳖放养

（1）放养时间。南方和北方放养时间有所差异，应按照当地实际情况确定合适的放养时间。放养的外塘鳖和温室鳖对水温的要求也不同，有的还加放草鱼。

温室鳖放养：安徽省安庆茭白田5月25至6月5日测试水温与气温，此时平均气温达到24℃，水温达20℃。温室鳖的放养时间在6月中旬到7月初，连续3天水温稳定即可放养，以保证幼鳖成活率；浙江余姚市5月20日～22日测试水温与气温，此时平均气温达到28℃，水温达到22℃，5月底至6月初就可以放养。可见温室鳖的放养一般在6月中下旬，入茭白田前一周就要在甲鱼温室里降温，做好衔接工作，每天降1～2℃，到温室水温25℃左右可以放入外塘，选择晴天中午、气温30℃左右放养，室内水温与茭白田水温温差不超过2℃，操作动作要轻柔，防止鳖受伤。

外塘鳖放养：如果放养的是外塘鳖，可提早放养，水温稳定在20℃以上就可放养。

（2）放养规格与密度。温室鳖的放养规格在300～550克/只，外塘鳖放养规格250～300克/只，放养密度50～200只/亩，原则上不投喂饲料的放养密度低，投喂饲料适当增加密度。

（3）放养消毒。放养前甲鱼苗用0.01%浓度的高锰酸钾溶液消毒5～10分钟，至鳖表皮微发黄，均匀放养到茭白田中。也可用0.5%食盐水浸泡10～15分钟消毒。

（4）投喂管理。入田后一周开始投喂中华鳖专用饲料，投喂总量是0.5千克鳖投0.5千克配合饲料，在食台定时、定点投喂。坚持每天巡田，检查吃食、生病、逃跑、有害生物侵入等情况，发现问题，及时处理；坚持每10～15天加注或换一次新鲜水，每20天进行1次水体消毒，注意防治疖疮病，如果发病用疖疮克星等药物防治。

（二）收获

1.茭白收获

双季茭7月初夏茭采收，秋茭在孕茭14天后，茭肉肥大呈蜂腰状，露白0.5～1.0厘米时及时采收。

早熟品种10月初上市，中熟品种10月中旬上市，迟熟品种在10月下旬上市。采收期20天左右，每公顷秋季茭白产量为15 000 ~ 30 000千克。采收时先折断茎管或用镰刀割断，不要伤害相邻的分蘖，也不能伤及根系，以免影响翌年生长（图65）。

图65 茭 白

2.中华鳖收获

当年收获时间一般在11月上旬，气温明显下降时陆续起捕销售。成活率一般可达80% ~ 90%；中华鳖的起捕规格和放养规格有关，放养规格400 ~ 500克的起捕规格多在1 000克左右；单产和放养密度相关。

如安徽安庆40.5亩田块共捕获中华鳖1 610只，1 056.5千克；死亡49只，成活率97.8%，起捕率为70%，个体平均质量650克。平均每亩收获甲鱼26.1千克，茭白1 260千克。

浙江余姚市茭白田亩放养中华鳖27.7只，规格为288克，田中共捕获中华鳖1 625只，成活率为75.3%，个体平均质量563克。平均每亩收获中华鳖11.7千克。茭白至10月下旬共收获244 173.5千克。

浙江杭州市桐庐县农业技术推广中心报道，桐庐县莪山畲族乡中门茭白专业合作社2013年应用茭白田套养草鱼、甲鱼模式100亩，2013年3月2日亩放250克/尾左右的草鱼10尾，7月28日放养平均规格0.35千克/只的日本品系甲鱼100只，种植小蜡台茭白。7月底8月初采摘茭白，亩采摘茭白1 440千克；到11月对甲鱼抽样测产，平均规格达0.75千克/只以上，甲鱼亩产达75千克；草鱼平均规格达0.8千克/尾以上，效果良好。

江西玉山县水产局试验报道，在6月中下旬放养甲鱼，投放密度100只/亩，规格为400 ～ 450克/只，在茭白田中养殖6个月后至11月上旬气温明显下降时陆续起捕销售。共捕获甲鱼95只，计71.25千克；成活率95%，起捕率为95%，个体平均重量750克，产茭白1 250千克。

（三）效益分析

茭白是民众喜爱的水生蔬菜，中华鳖是名贵水产品，中华鳖-茭白综合种养在浙江、安徽等地的种养结果表明是成功的绿色生态种养模式，且技术成熟适用，可复制性强，是农民、农业增收的好路径，有极大的推广应用价值。

鳖-茭白模式符合动、植物间的共生互补原理，可利用茭白与中华鳖各自的生物学特性。茭白为挺水水生植物，茭白属于中低水位的水生蔬菜，株、行距较宽，可为鳖提供足够的生活空间，盛夏高温季节，茭白叶高挺且宽，丛生繁茂，是甲鱼避暑度夏的天然遮阳棚，充分挖掘水、土资源潜力，立体利用光、热资源。鳖的活动对茭白田土壤的扰动效应，有利于茭白分蘖生长。

鳖喜食田中的底栖生物、寄生虫等生物性饵料，极大增强了茭白植株的抗性，可减少茭白病虫害的发生。鳖养殖过程中产生的废弃物（排泄物、粪、残饵等）转化为茭白生长所需的肥料，茭白能充分吸收氨氮、磷、钾等富营养化物质，降低水体中有害物质含量，净水效果明显。茭白田套养鳖在不影响产量的前提下，提高了茭白的品质，并降低了成本，提高了经济效益。

鳖-茭白模式实现了药肥减量，减少了农业面源污染，提高了茭白、鳖的品质，适合开展无公害生产。在浙江、福建、广东等南方区域，鳖、茭白搭档还可有效防治福寿螺，减轻福寿螺的为害与降低农药防治成本，是一种良性的高效生态循环农业模式。据浙江省农业科学院用不同生物控制福寿螺的试验中，结果表明，中华鳖控制福寿螺的效果非常好，在示范区茭田中养鳖3.33只/亩后不再有福寿螺为害，促进了茭白的生长，增加了茭白的产量，田里的草害也明显轻于未套养鳖的田块。

十四、中华鳖-空心菜/水芹菜种养技术

随着中华鳖养殖生产水平的不断提高，池塘养殖亩产可以达到1 500 ~ 2 000千克，池塘单位水体的中华鳖承载能力大大提高，投饵量也随之大幅度增加。有研究表明，在池塘养殖投喂的湿饵料中，有5% ~ 10%未被中华鳖食用，而被中华鳖食用消化的饵料中又难以完全吸收，有25% ~ 30%的饵料以粪便的形式排出。高密度放养模式，导致水质恶化，污染日趋严重。池塘水质的迅速恶化直接导致换水量和换水频率增加。近年来，环保要求不断提高，池塘修复的生态技术探索十分必要。国内探索的鳖池浮床植物系统是一种比较新的水质原位修复和控制技术。利用生物浮床技术，将水生蔬菜种植于鳖池中，通过植物的吸收、吸附作用等机理，将水中氮、磷等污染物质转化成植物所需的能量储存于植物体中，实现水环境的改善。

（一）技术与方法

1.鳖池条件与清整

（1）池塘要求。鳖胆小，喜静怕声、喜阳怕风，养殖基地宜建在环境幽静，避风向阳，水源充足，水质良好，排灌方便的地方。池塘面积一般为5 ～ 10亩，以东西向为宜。池底土质以沙壤土为宜，淤泥厚不超过15厘米，要求池底平坦。水深1.5 ～ 2.0米。池塘四周以石棉瓦、砖墙或水泥预制板作为防逃墙。防逃墙高度应在100厘米左右（图66）。

图66　安徽蚌埠喜佳公司鳖池

（2）食台、晒台搭建。每个池塘放置用木板或水泥预制板制成的食台2 ～ 3个。也可以在池塘北坡接近水面处放置一些红瓦片，作为鳖的简易食台，考虑到晒背和休息的需要，每个池子要建5 ～ 6个用木板或竹片制成的晒台。每个晒台面积2 ～ 4米^2，将其分散放于向阳处的池塘边。每5亩池塘需配备3千瓦的叶轮式增氧机1台。

(3) 清塘消毒。冬季将池水排干进行池塘清整，清淤晒塘，修补池埂。放养前每亩用生石灰75～150千克溶解化浆后全池泼洒，彻底清塘消毒。一般清塘消毒7～10天后向池塘内注水50厘米。

(4) 培肥水质。每亩水体施用经充分发酵的有机肥200～300千克或无机复合肥10～15千克进行肥水，为鳖的生长创造良好的条件。水体有一定的肥度，能控制真菌对鳖的浸染，减少水霉病等的发生。

2.鳖种放养

(1) 放养时间。南北方放养时间有所差异，外塘鳖和温室鳖不同，外塘鳖放养时间一般在4月水温稳定后，温室鳖的放养一般在6月上旬后。

(2) 放养质量与规格。

外塘鳖种：要求规格均匀、体色一致、无病无伤、体质健壮、活动爬行有力。鳖种来源为生态自育，规格200～250克/只，放养前鳖种经4%食盐水或10～20毫克/升高锰酸钾溶液浸浴消毒。

温室鳖种：规格400～550克/只，同时搭配鱼净化水质，如搭配鲢、鳙，其规格均为100～500克/尾，鲢100～150尾/亩，鳙30～50尾/亩；鲫规格30～60克，200～300尾/亩。

(3) 放养密度。在追求高产地区，放养密度较高，甚至达到2～3只/米^2。近年来为保护环境、提升品质，多实施健康养殖，密度有所降低，一般放养800 ~ 1 000只/亩，仿生态养殖密度更低，在350 ~ 450只/亩，最低密度50只/亩。

(4) 饲养管理。按照常规方法进行养殖，由专人进行投喂、水质管理、日常巡查等。放养密度比较高的鳖池按照一般养鳖池的管理进行投喂，以鳖专用配合饲料为主，可适当添加鲜活饵料、维生素、微生态菌种、防病中草药等，一般每天于16:30 ~ 17:30投喂1次。放养密度低于50只/亩的，也可以不专门进行投喂。

3.生态浮床

浮床设置面积一般为10% ~ 20%，也可依据中华鳖放养密度适当增加。鳖池浮床的水生植物以空心菜、水芹菜为好，也有使用空心菜-水芹菜组合。如果鳖的放养密度比较大，鳖会对水生植物造成破坏，视情况考虑用网兜底隔离（图67）。

图67　安徽怀远鳖池网隔离

（二）收获

1.水生蔬菜

种植的空心菜正常生长后一般在6月后可以进行收割，20天左右收割1次。水芹菜生长期较长，收获看具体生长情况而定。

2.中华鳖

中华鳖的上市规格以1 000 ~ 1 500克/只为好，错峰上市价格有所提高，应根据当地市场情况进行操作，也可留下部分鳖在池中越冬，翌年上市，规格和价格可能更高。

（三）效益分析

鳖-菜模式表现出良好的效果，名特产品产值高、利润高、净化水质能力强。广西水产科学研究院空心菜生物浮床对黄沙鳖的养殖效果研究表明，空心菜对氮、磷营养盐具有极强的吸收作用，有短期快速吸收的特性，对氨氮的亲和力大于对硝态氮的亲和力，有优先吸收氨氮的趋势。空心菜不仅可直接吸收氮、磷，还可将空气中的氧气通过根系释放到周围环境中，形成局部富氧微环境，为微生物提供了多样化生境，氨氮可在富氧区被氧化为硝态氮，硝态氮则在缺氧区被反硝化细菌还原为分子态氮而进入大气中。研究结果表明，黄沙鳖养殖池空心菜覆盖率以10% ~ 20%为宜。

河北师范大学生命科学学院在“水生蔬菜生物浮床净化中华鳖养殖水质的研究”结果中表明，空心菜、水芹菜和空心菜-水芹菜组成的复合生物浮床和商用微生态制剂对养殖水质具有净化作用。结果表明，在相同的监测时间下，按照空心菜-水芹菜组、空心菜组、水芹菜组和微生态制剂组的顺序，总氮、氨氮（NH_3-N）、亚硝酸盐（NO_2-N）、硝酸盐（NO_3-N）等指标呈逐渐降低的趋势，在试验20天时，空心菜-水芹菜复合生物浮床对氨氮的去除率达到87.40%，对总氮的去除率达76.53%，对叶绿素a的去除率达到63.07%；与对照组相比，试验组浮游植物中的硅藻、隐藻的种类和比例增加，蓝藻比例降低，浮游植物群落组成由绿藻-蓝藻型转向绿藻-硅藻型；空心菜-水芹菜组的中华鳖存活率和增重率分别提高6.9%和58.4%。这说明生物浮床，特别是复合生物浮床，能净化中华鳖养殖水质，进而促进鳖类生长。